Do senso comum
à geografia científica

Do senso comum
à geografia científica

Lenyra Rique

editora**contexto**

Copyright© 2004 Lenyra Rique
Todos os direitos desta edição reservados à
Editora Contexto (Editora Pinsky Ltda.)

Diagramação
Gustavo S. Vilas Boas

Revisão
Vera Lúcia Quintanilha

Capa
Antonio Kehl

Dados Internacionais de Catalogação na Publicação (CIP)
(Câmara Brasileira do Livro, SP, Brasil)

Rique, Lenyra
Do senso comum à geografia científica / Lenyra Rique. –
2. ed., 2ª reimpressão. – São Paulo : Contexto, 2024.

Bibliografia.
ISBN 978-85-7244-269-5

1. Brasil – Condições rurais 2. Geografia – Filosofia 3. Posse
da Terra – Brasil 4. Reforma agrária – Brasil I. Título.

04-3751 CDD-910.01

Índice para catálogo sistemático:
1. Geografia : Ciência e filosofia 910.01

2024

Editora Contexto
Diretor editorial: *Jaime Pinsky*
Rua Dr. José Elias, 520 – Alto da Lapa
05083-030 – São Paulo – SP
PABX: (11) 3832 5838
contato@editoracontexto.com.br
www.editoracontexto.com.br

Proibida a reprodução total ou parcial.
Os infratores serão processados na forma da lei.

SUMÁRIO

Prefácio 7

Nota da autora 9

Introdução 11

Espaço/tempo: categorias universais na realidade
processual de temas geográfico 15

O senso comum e a ciência geográfica 21

A filosofia do método na prática geográfica 42

Um método: empírico, processual, reflexivo 66

Revisão da questão agrária brasileira, a partir da ótica
de Manoel Correia 76

O novo Brasil agrário: modernização sem mudança? 90

Por que há geometria no temário geográfico? 110

Uma concepção hegeliana do ensino-aprendizagem
na relação homem x meio 118

PREFÁCIO

Manuel Correia de Andrade

A geografia brasileira e universal atravessa uma fase de grandes mudanças e de muita reflexão. O impacto da revolução tecnológica é muito forte, do mesmo modo que a forma de percepção do processo socioespacial e de organização e exploração do território. As ciências sociais procuram se adaptar aos desafios que se apresentam, modificando posições e enfoques metodológicos. No Brasil a geografia, após um longo período em que se apresentou como uma ciência meramente indicativa de lugares, de acidentes e de fronteiras políticas, passou, depois dos anos 30 do século passado, a procurar descrever e interpretar as paisagens, utilizando as técnicas e as posições francesas – sobretudo as da escola de Vidal de La Blache –, sem esquecer também a influência germânica na geografia política e a geopolítica, sobretudo nos meios militares.

A influência francesa, que se fez sentir a partir da criação da Universidade de São Paulo e do Instituto Brasileiro de Geografia e Estatística, levou geógrafos brasileiros, seguindo orientações diversas, a fazerem uma geografia não comprometida com posições filosóficas mais definidas, desenvolvendo obras influenciadas pelo pensamento de Descartes, preocupadas sobretudo com aquela mera descrição e interpretação das paisagens.

Na década de 60 do século XX, porém, houve uma grande influência do neopositivismo, com o desenvolvimento de uma geografia que usava bastante os dados estatísticos, a denominada "geografia quantitativa" ou "geografia teorética". Era uma geografia que procurava desenvolver ao máximo a abstração e alienar as posições dos geógrafos preocupados com a realidade. Ela provocaria, após o declínio do domínio militar em nosso país, uma forte reação crítica dos pensadores marxistas e não marxistas que procuravam criticar as formas de fazer geografia e que concediam um maior prestígio à teorização. Esta corrente foi classificada como "crítica" e muitos passaram a identificar erroneamente a posição crítica com a posição marxista, quando, na verdade, o marxista é essencialmente crítico, mas nem todo crítico é necessariamente marxista. Assim, tivemos, desde a década de 1960, um grande debate nas reuniões de geógrafos e um expressivo intercâmbio com especialistas de outros saberes.

A geógrafa Lenyra Rique da Silva fez a sua formação científica nesse período, como depõe em seu texto, iniciando-se na Paraíba, onde fez a graduação, continuando em São Paulo onde fez pós-graduação-mestrado e doutorado. Em seguida, lecionou em vários estados, como Rio Grande do Norte, Santa Catarina e São Paulo. Tendo maiores preocupações com o humanismo, na busca de soluções para os problemas brasileiros – sobretudo aqueles ligados ao meio rural –, desenvolveu, a um só tempo, atividades em pesquisas de campo e reflexões filosóficas, procurando conciliar ou complementar a observação com a reflexão. Daí vir desenvolvendo uma atuação polêmica, em suas aulas, em seus escritos e em participações em reuniões científicas. A sua grande força resulta de uma ação que está voltada para a realidade que vive e, ao mesmo tempo, para a teorização que, em função desta realidade, procura a relação existente entre o que é e o que deveria ser. Sendo uma pessoa inquieta, Lenyra Rique, naturalmente, transmite toda esta inquietação para o trabalho que escreve e, por consequência, para o leitor.

Aqui, neste livro, ela reúne uma série de ensaios, escritos nos últimos anos em função de desafios diversos e de debates em reuniões científicas. A sua sequência apresenta uma dupla preocupação: nos três primeiros ensaios, aborda os problemas ligados à geografia como ciência e ao relacionamento entre os problemas científicos e a inserção da reflexão na realidade que ela conhece tão bem; nos quatro restantes, dedica-se ao estudo de problemas concretos, como o da problemática do pequeno produtor de fumo de Santa Catarina e a revisão de questões agrárias brasileiras.

De modo geral, chega-se à conclusão que neste novo livro de Lenyra Rique a preocupação central é a questão agrária e a necessidade de que o Brasil, comprometido desde os tempos coloniais com os interesses dos latifundiários, passe a oferecer soluções em favor dos pequenos produtores rurais, através de uma reforma agrária justa, que não só corrija a distribuição da renda como contribua para a consolidação da cidadania.

Pode-se dizer que Lenyra Rique, com este livro, traz uma contribuição à geografia combatente, ou à geografia que está comprometida com a solução dos problemas do Brasil, do nosso povo. Acreditamos que o livro terá uma expressiva divulgação e trará uma contribuição séria e positiva para a juventude estudiosa, não só da área geográfica, como também de toda a área das ciências sociais e humanas.

NOTA DA AUTORA

*O vai e vem dos sonhos nos mergulha
no paraíso das realizações do irreal!*

Sem uma rápida referência, não só a meu comportamento perante a Geografia, mas sobretudo à minha postura de vida – feita de uma individualidade teimosa, curiosa, que não se satisfaz em receber o "pronto"; o "acabado"; mas ao contrário, quer os "porquês", os "como" e corre atrás sem cansaço, estimulada pelo fascínio da descoberta do desconhecido – fica complicado o leitor entender esse "cavoucar" de ideias.

Não é comum colocar um miniesqueleto biográfico na introdução de um trabalho científico. Daí a pergunta: será que é contrariar demais as regras de uma edição literário-científica, o autor gastar umas poucas linhas sobre o seu "eu" (ou melhor o "eu" que aparece)? No caso, isso não será necessário para facilitar a compreensão daqueles a quem convido a penetrar no meu raciocínio, no passeio intelectual da leitura desses oito textos aqui reunidos? À não permissão de alguns, peço desculpas e explico que é da minha personalidade caminhar sobre as linhas da gaiola social onde fui colocada pelo poder constituído, em nome da disciplina e da ordem. Certa irreverência é minha marca, não poderia ser diferente aqui. E aproveito o momento para lembrar àqueles que estão na minha companhia agora que cada um também está na sua gaiola. Se não estiver pisando na linha, como eu, está no seu interior, passeando de um lado para outro, num ir e vir próprio de quem realiza uma fantasia de liberdade. Aos que estão fora da linha, os meus fervorosos cumprimentos, por terem sido capazes de romper os limites. Mesmo que sejam chamados de loucos, vale a pena. Na verdade, não estão enfermos. Deixem que alguns os considerem assim. Para eles, cito Nietzsche, não por estímulo e sim por admiração: *a doença é um ponto de vista da saúde.*

INTRODUÇÃO

A Geografia entrou na minha vida por acaso (já dizia Sartre que o acaso deveria estar nas relações sociais). Não sei, de fato, se há acasos na vida: se vamos atrás deles sem saber ou se eles acontecem "casualmente". Só sei que, sempre que procuro respostas para o porquê da Geografia no meu currículo, elas não vêm. Fui empurrada? Foram contingências de momento? Tenho uma convicção. Não foi por vocação (suponho que ela não exista), nem tive qualquer sonho de ser geógrafa. Só sei que aprendi a fazer qualquer coisa com paixão. Não sei planejar, programar, calcular. Sou intuitiva, intempestiva e passional, e quando me meto em algo, tenho que dar conta, com essa determinação apaixonada que me caracteriza. Daí entregar-me por inteiro ao questionamento da ciência geográfica, com um afinco que às vezes me espanta – já que o vivido, na graduação e pós-graduação da Geografia, pouco me satisfez. Era como páginas vazias que se colocavam na minha frente todo aquele aprendizado formal adquirido em pelo menos 15 dos 37 anos em que estou envolvida com a Geografia. Os escritos daquelas páginas são imediatismos, obviedades, que me levaram a afirmar para mim mesma: "ou não sei ler nas entrelinhas, ou há mais falta do que presença da ciência nos livros que tratam dos temas que formam o corpo teórico da Geografia".

Sem querer mexer na história do pensamento geográfico, que conta com uma farta literatura a respeito, só reafirmo que o seu compromisso resulta no excesso de senso comum no temário geográfico. E ciência não pode ser isso. Nas últimas décadas, vários profissionais pesquisadores vêm se esforçando em aprofundar-se nas questões geográficas, indo além do senso comum. Mas parecem esbarrar, de alguma forma, em obstáculos epistemológicos. A crítica aqui colocada, como não poderia deixar de ser, recai também sobre meus ombros. A minha dissertação de mestrado (por exemplo), defendida em 1977, nada mais é do que uma confirmação da "banalidade científica" – o senso comum.

Estudando outras matérias ligadas à Sociologia, História, Ciência Política e, principalmente, à Filosofia, fui entendendo o vazio dos conceitos geográficos, os quais só tinham a ver com os pressupostos filosóficos que lhes davam uma falsa sustentação. Perseguir cada tema atrás do seu reverso passou a ser uma preocupação contínua para mim, tanto dentro quanto fora da sala de aula, como pesquisadora, palestrante ou orientadora. E o amontoado de dúvidas amealhadas ao longo da minha caminhada profissional vem resultando nos textos que escrevo nos últimos dezoito anos. Vários deles, foram publicados em dois livros anteriores, *A Não Espacialidade Geográfica e a Questão Social da Terra* de 1988, e *A Natureza Contraditória do Espaço Geográfico* de 1991 (com uma segunda edição em 2001). E agora, ele está também aqui, neste rebento dos últimos anos de efervescência reflexiva.

O aparente hiato compreendido entre 1991 e 1995 foi repleto de atividades acadêmicas na Graduação e na pós-graduação; de várias palestras proferidas e de minicursos ministrados em encontros científicos que participei no Sul do Brasil, quando da minha estada em Florianópolis, até meados de 1994. Nesse tempo, também fiz uma pesquisa na fumicultura catarinense, que redundaria numa tese com vistas ao preenchimento de uma vaga para professor titular, em concurso a que me submeti na UFSC, na área de Geografia Agrária em fevereiro de 1993.

São oito textos que reúno nesse livro. Eles não seguem uma ordem cronológica de produção. Obedecem, à primeira vista, a uma organização um tanto desarrumada de assuntos, mas estão presos ao propósito contido no próprio título: *Do senso comum à Geografia científica*.

Não quero espantar qualquer leitor quanto ao "cientificismos". Sou "antiismos". A Ciência aqui é chamada no meu apelo mais profundo: ir atrás de descobertas, não repetir o que está feito, trilhar novas metodologias. Assim exige a crítica. Ousar trazer Nietzsche, Hegel e Marx; Bachelar, Heidegger e Derrida para a discussão geográfica e, por meio deles, deter lacunas, abrir novas fendas, anular certezas, desconstruir verdades conceituais, deixadas pelas heranças cartesianas, kantianas e comtistas e de seus seguidores. É esse o meu empenho. Trabalho com os temas clássicos da Geografia, eles compõem sua estrutura sistematizada, assim entendo. As "novidades pós-modernas" não cabem na minha apreciação, elas estão "na moda" e modismo é senso comum, afirmam inúmeros filósofos.

Sempre quis compreender porque a Geografia é tão somente informativa. Será que a abundância de informações que a caracteriza informa mesmo, ou a deforma como ciência?

No primeiro capítulo repenso espaço/tempo como categorias universais, abstraindo-as, também, ao interesse de noções mais conhecidas na Geografia, apoiada em filósofos que tratam do assunto de forma divergente como Kant e Hegel, ou Hannah Arendt e Derrida, por exemplo. Faço uma construção teórica da materialidade do tempo pelo trabalho na multiplicidade de lugares no lugar, e do espaço abstrato na pluralidade de relações das realidades espacializadas ou não. As lições que me foram passadas por Hegel em sua dialética da negatividade[1] me encorajaram na confecção desse texto. Hegel trabalha com figuras abstratas da consciência e me arvorei a transmutar o movimento daquelas figuras para o movimento de "figuras" da realidade social, como espaço, tempo, trabalho, lugar, paisagem, nos quais a mediação é a negação neles mesmos para se constituírem no outro, ou, segundo a linguagem hegeliana, para suprassumirem e serem.

O segundo capítulo faz um paralelo entre o senso comum e a Ciência Geográfica. O contraponto entre Descartes, Kant e Hegel é mais uma vez sublinhado para aportar nossas ideias. Bachelar afirma o senso comum como não ciência, Derrida vem ao encontro da não espacialidade geográfica e Heidegger substantiva nossas alusões à região geográfica como macromarco de endereços terrestres e, por aí, desmancha-se sua cientificidade representativa para a Geografia. A Vontade de Potência nietzschiana é o braço novo, de que lanço mão, para identificar o processo de territorialização na territorialidade contraditória. A dialética materialista do coletivo político é anelada à dialética psicológica do indivíduo social, com a finalidade de mostrar a identidade conflituosa dos chamados fenômenos geográficos, na relação cidade-campo e na arrumação geométrica dos lugares urbanos e agrários, nos quais a população constitui a relação desigual, pluralizada pelas deformações para mais, ou para menos, dos sujeitos sociais, que valem pelo que equivalem, através do dinheiro, seja para consumirem ou para aguardarem sua multiplicação fictícia (mas real) no mundo do fetiche financeiro. No resultado do universo do trabalho estão não só momentos da vida orgânica dos trabalhadores, como instantes dos seus sonhos mais secretos derramados no que formam e criam.

No terceiro capítulo, faço uma chamada metodológica mais detida sobre descrição e reflexão, teoria e empiria, paisagem e relação homem x meio, a propósito da pesquisa que desenvolvi na fumicultura catarinense. Aí está uma rápida passagem sobre *A paisagem do Fumo em Tubarão*.

No capítulo "A Filosofia do Método na Prática Geográfica" há um primeiro esforço em articular a dialética hegeliana do desejo com a dialética do indivíduo em Nietzsche e a dialética da sociedade em Marx. Fazendo uma autocrítica dos nossos "ismos", procuro ir além deles e trago, também, para o debate, por meio de leituras "essenciais" e secundárias, autores do existencialismo, da fenomenologia husserliana, do positivismo e dos seus tentáculos funcionalistas.

Nos dois capítulos sobre a questão agrária brasileira, trabalho com temas centrais de duas mesas-redondas que participei em 1995 e 1996. Neles estão as interpretações do que denomino "Estado Latifundista Brasileiro", centrado no poder da terra e do Capital que particularmente, aqui, *executam a sua dança macabra* (como dizia Marx há 150 anos, a propósito da sociedade capitalista, em geral), nos cinco séculos de sangria que maculam a vida do trabalhador brasileiro.

O progresso modernizador no campo e sua produção contrária, a descaracterização da vida do pequeno produtor, a luta pela terra de trabalho "para-si" dos pequenos proprietários; os novos-velhos problemas que hoje, em maior número, é claro, impulsionam organizações reivindicatórias de movimentos sociais dos mais politizados, também são abordados.

O penúltimo texto resulta de uma palestra que denominei "Por que Há Geometria no Temário Geográfico?". Nele insisto, mais uma vez, nas críticas às abordagens fenomenológicas (husserlianas) – funcionalistas com suas roupagens mais modernas ou pós-modernas que reafirmam a obviedade do que se vê, como se ela fosse científica – e trago, novamente, vários filósofos para discutir os pressupostos que avalizam uma Geografia de aparências e aqueles que dão suporte a um enfoque mais aprofundado de algumas questões geográficas. É um texto com algumas afirmações já proferidas em capítulos anteriores. Aparentemente repetitivo, ele amplia algumas considerações ou as resume; exigências da temática da palestra.

O último capítulo, enfim, resulta de um texto que preparei como base para a aula de um concurso com vistas ao provimento de vaga de professor titular do departamento de Educação da UFRN, que não houve[2]. Nele, abordo o ensino-aprendizagem, subjacente a um exercício hegeliano no tema geográfico da relação homem x meio.

Notas

[1] Ler a respeito *Fenomenologia do Espírito*, volume I.
[2] As razões que me levaram a não fazer esse concurso estão explicitadas na apresentação do memorial do concurso, que publiquei com o título de "Eu não sepultei o meu ego".

ESPAÇO/TEMPO:
CATEGORIAS UNIVERSAIS NA REALIDADE PROCESSUAL DE TEMAS GEOGRÁFICOS

Medo de ousar é o pensamento mórbido em ação; coragem não é só o "sem medo" é a vida a passos largos.

Espaço e tempo são uma preocupação filosófica de todos os tempos, dos pré-socráticos aos filósofos atuais. A ciência, que tem uma relação de troca com a Filosofia – esta lhe oferece pressupostos, aquela lhe dá conceitos – trabalha também com a universalidade espaço/tempo. As ciências sociais, como ramo das ciências da humanidade, necessita igualmente dessas duas dimensões. A Geografia, que é uma ciência social, tem no espaço/tempo a relação binária ou contraditória que dá respaldo ao conteúdo dos seus temas mais comuns: paisagem, lugar, espaço, território, relação homem x meio, de acordo com o tratamento que os teóricos vêm lhe dispensando. No nosso caso, pretendemos elaborar uma aproximação material do tempo no espaço das relações sociais que é o espaço geográfico. Daí chamarmos alguns filósofos a essa elaboração para aportarem de forma mais substancial os nossos mergulhos intelectuais a respeito.

Aristóteles vê a essência do tempo no todo; Hegel afirma que "espaço é tempo"; Bergson inverte a expressão, "tempo é espaço", Kant diz ser "tempo e espaço intuições puras (...) o tempo considerado em si mesmo, fora do sujeito, não é nada"[1], mas, para ele, o espaço era essencialmente geométrico, era intuição empírica sensível – como sua abordagem foi analítica, não viu a união dialética de um no outro, separou, dividiu. Hegel concebeu o tempo e o espaço como movimento. Para Derrida, "se as análises atuais do tempo nos fizerem ganhar alguma coisa de essencial para além de Aristóteles e Kant é na medida em que tocam a apreensão do tempo e a consciência do tempo" (1991: 76).

Nós somos a imagem viva-materializada-pensante do espaço e do tempo porque somos seus símbolos dotados de razão e de emoção. Somos unidades vivas e perceptivas de espaço/tempo em movimento. Passamos com o tempo, enquanto guardamos sua marca cronológica no espaço do nosso corpo e o amarramos em nossa memória. Cada um de nós é a unidade contraditória do ir e do permanecer do tempo na nossa pele, músculos, órgãos, psiquismo, etc. Criamos épocas, momentos históricos, através do nosso agir (sempre submetido, nas sociedades históricas), que formam os traços culturais das diversas formações sociais, que se desenvolvem nos inúmeros territórios, que compõem os estados-nações do mundo em que vivemos[2].

O senso comum nos diz, que o espaço é visível, localizável e o tempo é abstrato, invisível: ele separa um do outro. A reflexão dialética nos leva a constatar a diversidade unida dos dois. O tempo é realizado no espaço produzido (resultado) e este para realizar-se é o próprio tempo das ações do trabalho. Ambos são abstratos na sua generalização e se revestem de materialidade pelo trabalho. Por meio do trabalho realizado estamos neles, somos eles e o que criamos e produzimos também. No espaço/tempo exteriorizamos nossos valores morais – éticos, enquanto seres políticos. O que somos, como indivíduos, psiquicamente considerados, registro do espaço endógeno que temos, onde se interiorizam os nossos instintos, e o tempo de nossas consciências, ambos (instintos e consciência) dogmatizados, com intensidades diferenciadas, pelos chicotes da dominação social, estão na exteriorização dos nossos valores e na ação político-social, que desenvolvemos. Quer dizer, o nosso espaço moral-ético-político aliado à temporalização das nossas consciências materializam-se na realidade social do nosso cotidiano. No que dizemos, no que construímos, no que formamos e nesse nosso agir, consta um elemento precípuo da individualidade exógena obreira que somos – o trabalho.

É bom frisar, que é no trabalho e pelo trabalho que materializamos o tempo e damos vida às espacializações. Enquanto o tempo trabalha em nós, no espaço do nosso corpo deixando a sua cronologia, é por meio do trabalho, da ação humana, que o tempo se materializa no que construímos, se "amarra" em algum lugar; substancializa uma espacialidade. Assim representamos e simbolizamos espaços e tempos unos e múltiplos.

Segundo esse raciocínio, o lugar espacializado, territorializado, traduz a concretude do tempo. Tempo, lugar, espaço, território, trabalho, estão anelados, superpostos, envolvidos nas relações simbióticas necessárias à existência de cada um deles.

O tempo no lugar, na paisagem, no espaço, no trabalho (como atividade) e no seu resultado é um tempo dialético, a negação e afirmação dele mesmo, do ponto de vista cronológico. Uma fusão tênue de presente, passado e futuro. "O tempo como unidade negativa do ser-fora-de si de fato um abstrato, um ideal – Ele é o ser que enquanto é não é, e enquanto não é, é". (Hegel, apud Derrida, 1991, 79).

Quando observamos um lugar construído, com tudo o que ele contém, aí está a cristalização cronológica do tempo e do espaço de relações no resultado do trabalho. Essa cristalização cronológica é a síntese de "n" lugares, "n" momentos espaciais com seus tempos de trabalho, com os tempos das emoções, das consciências e os espaços dos valores morais-éticos-políticos das individualidades, que dão concretude ao coletivo (nele mesmo abstrato), e que executam o que os sentidos podem apreender no âmbito do senso comum. Essa síntese corresponde a múltiplos contrários, que a reflexão cognitiva-dialética permite compreender e faz com que o geógrafo saia do senso comum, que só apela para a faculdade dos sentidos empíricos unos e divididos, associado a uma reflexão imediata, e penetre nas multiplicidades contidas nas pluralidades não visualizáveis do lugar, espaço, território, e da paisagem social, que são uma segunda natureza, manifestações do trabalho.

O trabalho, essência humana que produz, é a afirmação do tempo cronológico e o resultado do trabalho, pelo que ele nos apresenta, é a negação dessa afirmação. É objeto sensível imediato, o agora da reflexão instantânea. Quando esta se articula com a reflexão mediata constata no objeto sensível, "n" sujeitos trabalhadores responsáveis pela execução do objeto sensível. A reflexão mediata elabora a conexão dos sujeitos no objeto e vice-versa. O objeto sensível é a negação do sujeito pela aparência e a sua afirmação na essência e o sujeito é a afirmação do objeto na essência e sua negação na aparência. Assim sendo, o objeto construído é a afirmação da materialidade do tempo, na essência e a sua negação na aparência, no agora. Um agora que se nega, na nossa reflexão mais profunda para nos remeter aos momentos cronológicos de trabalhos pretéritos às ações necessárias ao agora existente.

Nessa lógica, o lugar construído é afirmação-negação da cronologia do tempo. Esta é a face do *devir-lugar*. Não há tempo, nem cronologia do tempo *tomados em si, como essência abstrata*. A sua antítese, ou seja, à concreção do lugar formado (construído), do espaço produzido (construído) é unidade e síntese do tempo/espaço. *É a materialidade do tempo pelo trabalho*. O lugar formado confunde-se com momentos espacializados da não espacialização geográfica. É o lugar direto, próximo, que os olhos veem e as mãos tocam. Eles podem exalar odores e convidarem a contemplação pela beleza; ou provocarem constrangimentos e sofrimentos se retratarem a desumanidade mais aviltante que existe – a miséria; a violência. É o lugar senso comum, da intuição sensível e do empírico simples. É o lugar aparentemente inerte, mas que aloja a riqueza de relações sociais espacializadas, as quais reúnem as articulações espaço/tempo como categorias gerais substantivadas pela universalidade do trabalho.

Derrida (1991: 78), que não afirma o trabalho na materialidade do tempo, assim refere-se a sua concreção "Negação operando no espaço ou como espaço, negação espacial do espaço o *tempo é a verdade do espaço*. Enquanto *ele é*, ou seja, enquanto ele deve, produz, manifesta-se na sua essência, *enquanto ele* se espaça relacionando-se consigo, isto é, negando-se, *o espaço é tempo*. Temporaliza-se, relaciona-se consigo e mediatiza-se com o tempo" (grifos nossos).

É essa intimidade tempo/espaço que o senso comum não dá conta. A cognição científica, nos leva a desvendar a realidade material do tempo no espaço resultado (produto); assim como, as manifestações das relações responsáveis pela espacialidade do espaço geográfico na temporalidade cronológica da não espacialização. Como podemos conceber a constituição binária de tempo abstrato e espaço concreto? Ambos são realidades, com uma abstração no concreto (o processo das relações sociais no espaço) e uma concretude no abstrato – a realização das relações sociais no tempo. Estas são responsáveis pela "forma" do tempo; por ele ter uma verdade palpável nos objetos fabricados pelo trabalho manual, pelo que a arte cria e executa em cenas, formas, músicas e pela produção do conhecimento, que compete ao intelecto – razão, memória, raciocínio, juízo – associado às sensações, os quais são exteriorizados pela linguagem escrita ou verbal. A linguagem verbal reúne a intimidade das palavras, fruto da razão, com a voz, que exprime a emoção do momento.

Noutras palavras, espaço/tempo estão numa relação de concretude e abstração, mediados neles mesmos, como negação, para se afirmarem no outro pela intermediação do trabalho. Este os faz realidades abstratas e concretas, uma vez que os resultados são concomitantes ao processo; ou entrelaçados, ou justapostos.

Num momento, o tempo é a certeza do sujeito abstrato na realidade material do espaço-verdade, pelo trabalho, e num outro momento a relação se inverte: o espaço é o sujeito sensível na verdade temporal, cristalizada pelo trabalho. É fundamental se entender que a reflexão dialética nos impinge a não considerar a paisagem, o espaço, o lugar, o território geográfico como uma inacessível coisa em-si. Já concebia Nietzsche que "todo em-si é suspeito". Pressupondo a contingência de movimento em cada um desses temas, o tempo/espaço é a substância neles mesmos e deles no outro que se metamorfoseiam em trabalho concreto pela ação do trabalho vivo. O "em-si" está concomitantemente no "de-si", "no para-si", no "outro". Este é o movimento da paisagem, do lugar, do espaço, do território. O outro é uma outra paisagem espaço; lugar espaço, paisagem lugar, etc. A negatividade da mediação neles mesmos isoladamente remete ao "de-si" ao "para-si", ao "outro". Enquanto objetos científicos, unidades de investigação, a paisagem, o lugar, o espaço social, o território são também sujeitos do conhecimento e, numa pesquisa realizada sobre qualquer um desses temas, eles unitariamente apresentam-se como certezas sensíveis que requerem a busca da verdade do objeto investigado (pensado). Nessa busca, (no movimento) tempo/espaço impõem sua marca pelo produto do trabalho numa outra paisagem que se funde a um outro lugar, a outra espacialidade, a outro território. É como se cada um em separado tivesse a mesma essência: a fusão contraditória da materialidade tempo/espaço, no trabalho.

Como certeza sensível cada um deles tem um rosto, uma forma, uma aparência. Como verdade instantânea (toda verdade é instantânea), um está no outro; assim como, tempo/espaço como categorias isoladas em-si são certezas sensíveis: um abstrato, outro concreto. No movimento a diferença se desfaz. A certeza do tempo/espaço está na verdade de um no outro. Na materialidade do trabalho executado num lugar, numa paisagem, numa espacialidade territorial.

O senso comum, da certeza sensível do sujeito, se articula, na reflexão dialética, na verdade do objeto. Aí está a realidade dinâmica do "ser" paisagem, lugar, território, espacialidade, eivados de relações diferentes e semelhantes do espaço/tempo. As noções geográficas, que só obedecem ao senso comum, isto é, à certeza do sujeito sensível, não são científicas; elas se baseiam numa reflexão empírica aparente. Do mesmo modo, levar-se em conta só a verdade oculta do objeto, a ser criada pela reflexão teórica não confere cientificidade aos temas arrolados. A certeza da singularidade empírica e a verdade oculta da empiria plural correspondem à unidade contrária do sujeito e do objeto na realidade científica do temário geográfico.

A espacialidade é uma negação em-si. "O espaço tornou-se portanto concreto por ter retido em-si o negativo. Tornou-se espaço perdendo-se, determinando-se, negando a sua pureza de origem, a indiferenciação e a exterioridade absolutas que o constituíam na sua espacialidade. A espacialização, a realização da essência da espacialidade é uma desespacializacão e inversamente" (Derrida: 1991, 77). A consideração da espacialidade geográfica pura é simplesmente uma concepção mecânica. Para fugirmos desse mecanicismo temos que rever o espaço social com uma dimensão filosófica, em que o espaço articulado ao tempo e vice-versa nos forneça a chave para a sua compreensão processual.

Os nossos sentidos são como janelas da nossa alma, por onde passam as emoções e as sensações, que vão procurar no empírico singular, elementos que por essas mesmas janelas chegam ao nosso intelecto para serem trabalhadas, pela reflexão cognitiva. Aí está a porta aberta da união do empírico simples com o cognitivo dialético, o empírico múltiplo; o reverso simbiótico do sensível com o intelecto; do senso comum com a reflexão mediata e, todo nosso corpo é mexido com essa realidade.

Notas

[1] Emmanuel Kant. *Crítica da Razão Pura*, p. 33, coleção Os Pensadores.

[2] Parece esdrúxulo falarmos em traços culturais de Estado-nação num momento em que os "globalizadores" querem que a globalização dê conta de tudo, mas não dá. Até certos fatos econômicos e as redes de informação que são os componentes globalizados fortes obedecem a uma realidade social estratificada. A globalização atual tem também o seu reverso.

O SENSO COMUM
E A CIÊNCIA GEOGRÁFICA

Lembranças e sonhos na beleza e não beleza de estar só recheiam meandros secos, desvirginam vazios da vida.

O senso comum é um momento de qualquer ciência, é a manifestação fenomênica, o ultrassensível, a intuição sensível. Faz parte do universo absorvido pelos sentidos. Para Kant, o senso comum é a faculdade de julgar e discriminar o certo do errado e deve basear-se no sentido do gosto. Hannah Arendt chama atenção para este sentido, que em Kant tem uma expressão primordial. O juízo do gosto permeia, segundo ela, uma das grandes obras do filósofo, a *Crítica ao Juízo*, tanto que até 1787 Kant intitulava essa obra de *Crítica do Gosto* e, em sua *Antropologia*, observa no mesmo sentido, que "a insanidade consiste em perder esse senso comum que nos capacita para julgar na qualidade de espectadores" (1993: 81, 82). Para ele, "de nossos cinco sentidos, três nos dão claramente objetos do mundo externo e, portanto, são facilmente comunicáveis, a visão, a audição e o tato lidam direta, por assim dizer, objetivamente com objetos[1]. Esses sentidos têm para Kant um lugar na faculdade da imaginação. E quanto ao senso comum, "muito cedo Kant tomou consciência de que havia algo não subjetivo no que parece ser o mais privado e subjetivo dos sentidos" (Arendt: 1993, 86). "O *Sensus Communis* é o sentido especificamente humano para a comunicação, isto é, o discurso depende dele (...) É a própria humanidade do homem que se manifesta nesse sentido, é a capacidade pela qual os homens se distinguem dos animais e dos deuses" (1993: 30).

A importância dada ao senso comum, seja em Kant ou em Arendt, se reveste de um teor científico. Ele está preso à ação cognitiva própria dos homens e pode produzir no investigador indagações cognitivas profundas. Isso nos leva a entender que o senso comum promove uma reflexão imediata dos elementos conectados aos sentidos, não só ao gosto como sensação subjetiva, mas aquelas objetivas que já foram apontadas acima, que para nós estão inclusas também na subjetividade. O que meus olhos veem em termos de intensidade de cores, amplitude de formas, ou anatomia, pode não ser igual ao que um outro indivíduo vê; os meus ouvidos podem captar mais, ou menos sons do que os de uma outra pessoa. A sensação de pegar, sentir um objeto, um animal ou outro homem, pode ser só minha, e a do outro só dele, e assim por diante. Isso, sem considerar qualquer patologia, é claro. Os sentidos estão na nossa individualidade, assim como a emoção, os sentimentos, o raciocínio, a memória etc. Daí o meu observar, perceber, captar os componentes do universo que me rodeia serem diferentes do que é captado por um outro, que junto comigo esteja com a mesma preocupação. Em *Crítica a Razão Pura* Kant nos fala da intuição sensível como um marco da periferia da razão. Para ele "O conhecimento empírico se distingue do puro" (p.8). O senso comum navega na interface. E diz ainda "Qualquer que seja o modo de como um conhecimento possa relacionar-se com os objetos aquele em que essa relação é imediata e que serve de meio a todo o pensamento chama-se intuição" (p.23).

O conhecimento empírico faz parte da *Estética Transcendental* kantiana, que para o autor "é a ciência de todos os princípios *a priori* da sensibilidade" (p.24) e a *Lógica Transcendental* trata dos princípios do pensamento puro. Ora, se Kant faz a distinção entre razão cognitiva do pensamento puro e razão empírica de domínio dos sentidos, *locus* do fenômeno, é possível se interpretar que a intuição empírica sensível dá conta do que os sentidos humanos têm capacidade de perceber. Daí não entendermos que só o gosto percorra o senso comum como afirma Arendt, e sim todos os demais sentidos como destacamos a seguir nesse parágrafo de *Crítica da Razão Pura* (p.24). Na "Estética Transcendental nós começamos por isolar a *sensibilidade* fazendo abstração de tudo quanto o entendimento aí acrescenta e pensa por seus conceitos *de tal sorte que só fique a intuição empírica*. Em segundo lugar separaremos também da intuição tudo o que pertence a sensação, com o fim de ficarmos só com a *intuição pura* e com a *forma de fenômeno* que é a *única* coisa que a *sensibilidade* nos pode dar a priori. Resultará dessa pesquisa que existem *duas formas puras de intuição sensível*. Como princípios do conhecimento a priori, a saber *o espaço e o tempo*" (grifos nossos).

Espaço e tempo são categorias que tanto estão na Geografia senso comum como na reflexão dialética, em qualquer uma das principais noções geográficas. A forma analítica como Kant as aborda nos fornece substrato só para ficarmos no imediato, no fenômeno. O senso comum na Geografia percebe o tempo e o espaço, os quais são pensados e entrelaçados na reflexão mediata. No senso comum está o fenômeno empírico com a sua forma, a sua cor, o seu odor, o seu "gosto". Em Kant a forma do fenômeno "é mesmo a única coisa que a sensibilidade pode nos dar a priori" (p.24). Ora nossos olhos são sensíveis à cor, não só a forma, também a extensão que para ele tem lugar "a priori no espírito", mas vêm da intuição empírica como uma forma pura de sensibilidade. A visão colhe tudo que o olhar pode alcançar: formas, figuras, dimensões; a forma rígida e flutuante, as formas simples e as diversificadas; os matizes coloridos da paisagem sensível construída pelo homem, ou dada pela natureza (sem participação do homem).

A visão é o sentido fundamental para o pesquisador geográfico e é o olhar do senso comum que indaga o que a reflexão mediata vai responder. Esta precisa de um caminho percorrido por conhecimentos pretéritos. Não posso considerar o senso comum que olha e observa, sem uma *descrição reflexiva* do que está sendo observado. Quer dizer, o senso comum tem a sua reflexão. Quando se descreve o que é observado é o intelecto que fala por meio da comunicabilidade escrita ou verbal. A visão, na observação do senso comum, fornece informações para o intelecto e a reflexão mediata entra em ação na descrição reflexiva; mas nem todas as informações saem nessa descrição, só aquelas que se prendem às imagens. O conteúdo delas permanecerá retido pela ação cognitiva que comanda um trabalho mais exaustivo do intelecto. O resultado será uma reflexão acurada em que os contrários se articulam e a reflexão descritiva comunica; que o conteúdo do fenômeno, da paisagem, vai muito além da forma, das imagens.

Em Hegel, "o senso comum recorre do sentimento – seu oráculo interior – descarta quem não está de acordo com ele. Deve deixar claro que não tem mais nada a dizer a quem não encontra e não sente em si o mesmo; em outras palavras, calca aos pés a raiz da humanidade. *Pois a natureza da humanidade é tender ao consenso com os outros, e sua existência reside apenas na comunidade instituída das consciências*"[2] (grifo nosso).

Com efeito, a Geografia está entulhada desse senso comum. Baseado nele consta a repetição, a compilação, o "de acordo" com o que vem sendo dito há séculos sobre o lugar, a paisagem, o território, o espaço, a região. São poucos os geógrafos que escapam ao senso comum em suas obras.

Para Hegel, "os pensamentos verdadeiros e a intelecção científica só se alcançam no trabalho do conceito. *Só ele pode produzir a universalidade do saber que não é a indeterminação e a miséria corrente do senso comum*, mas um conhecimento cultivado e completo, não é a universalidade extraordinária dos *dotes da razão que se corrompe pela preguiça e soberba do gênio, mas sim é a verdade que se desenvolveu até sua forma genuína e é capaz de ser a propriedade de toda a razão consciente de-si*"[3] (grifo nosso).

O "trabalho do conceito" no temário geográfico não pode se deter ao pensamento imediato do senso comum. A reflexão cognitiva dialética é o fundamento do conceito de lugar, paisagem etc. O movimento dos contrários é o suporte desses conceitos. O senso comum reúne o sensível, o fenômeno, a formalidade, a funcionalidade. Ele é o empírico simples, base para a constituição da interrogação científica geográfica. A propósito da interrogação científica, Bachelar argumenta "Precisar, retificar, diversificar, são tipos de pensamento dinâmico que fogem da certeza e da unidade e que encontra nos sistemas homogêneos mais obstáculos do que estímulos. Em resumo, o homem movido pelo espírito deseja saber, mas para, imediatamente, melhor questionar"[4] (sic).

As noções "fixas" da Geografia estão só imbuídas de senso comum. São anticientíficas. O lugar país, estado, cidade-capital, cidade, campo, cada um em-si é perene, imóvel, somente senso comum. A cientificidade geográfica de cada lugar se faz no outro lugar. O em-si é ao mesmo tempo de-si, para-si, no outro. O lugar puro é uma ilusão kantiana. O lugar em movimento é uma verdade dialética. Uma realidade cognitiva dialética. Ele é em-si, mas "nós porém, distinguimos desse ser para um outro o ser em-si'"[5]. O lugar é forma, imagem, função, representação, feição. Na constituição, está a substância que no lugar social é trabalho em ação e produto do trabalho; e também apropriação, alienação, estratificação, luta. Não pode ser fixo, é móvel, substrato de ações do homem coisificado e da mercadoria que ele produz.

O lugar "natureza" (primeira natureza, não criada nem produzida pelo homem) é também processual; é resultado de processos naturais e fundamento de novos processos. Esse é o conceito científico de lugar geográfico. "É pois no automovimento do conceito que eu situo a razão da ciência. Vale observar que parecem longe e mesmo totalmente opostas a esse modo de ver, as representações de nosso tempo sobre a natureza e o caráter da verdade. O saber tem sua meta fixada tão necessariamente quanto a série do processo. A meta ali onde o saber não necessita ir além de si mesmo, onde a si mesmo se encontra, onde o conceito corresponde ao objeto e o objeto ao conceito"[6].

A noção de movimento, indispensável na ciência, é encontrada na grande lição da dialética hegeliana, no movimento da consciência em *A Fenomenologia do Espírito*. É como se a consciência se desdobrasse em sujeito e objeto. A consciência de-si, do sujeito sensível, é a certeza do negar-se para-si e alcançar a verdade do objeto da outra consciência de-si. É uma na outra sendo ao mesmo tempo ela mesma. Esse processo, ou movimento das figuras da consciência, na dialética hegeliana do desejo é base para se compreender e explicar a unicidade e multiplicidade não só das noções, como dos fenômenos geográficos. Para realizar-se uma experiência científica precisa-se ir muito além do senso comum e mergulhar na realidade não sensível do depois, do antes, do agora. É a experiência científica da cognição. "Esse movimento dialético que a consciência exercita em si mesmo, tanto em seu saber, como em seu objeto enquanto dele surge o novo objeto verdadeiro para a consciência é justamente o que se chama de experiência"[7].

O espaço empírico "puro" só tem expressão no cartesianismo matemático euclidiano. "Diferenciação, determinação, qualificação, não podem sobreviver ao *espaço puro*, senão como negação dessa pureza original e desse primeiro estado de indiferenciação abstrata, que é no que consiste propriamente a *espacialidade do espaço*. A espacialidade pura determina-se negando propriamente a indeterminação que a constitui, isto é, negando-se, a "si mesma" essa negação deve ser uma negação determinada, negação do espaço pelo tempo"[8].

O espaço social geográfico, produto da experiência científica não encontra seu aporte no chão e sim nas relações sociais que para serem compreendidas e constatadas não podem deixar de lançar mão da abstração como processo reflexivo cognitivo. "Só a razão dinamiza a pesquisa porque é a única que sugere para além da experiência comum (imediata, sedutora), a experiência científica (indireta e fecunda)"[9].

Os momentos espacializados do espaço geográfico, como vimos afirmando, são espaços produzidos, resultado de trabalhos pretéritos. Eles são cartesianos empíricos, senso comum. Ter-se em mente que a espacialização do senso comum, isto é, o espaço cartesiano, fruto da experiência empírica, guarda "n" momentos espaciais, "n" experiências empíricas que só a reflexão dialética dá conta, é inquestionável. Cada um deles contém suas histórias materiais e emocionais. O espaço geográfico é dialético no processo de sua constituição. As espacialidades, que são momentos de processos constituídos, são cartesianas. Para se entender espaço geográfico há de se fazer uma articulação de pensamento entre a experiência empírica e a experiência cognitiva; entre o senso comum e a teoria reflexiva profunda. O empírico, o espaço nele mesmo é vazio para a ciência geográfica. Ele é o reduto dos sentidos e "os sentidos não dão a conhecer o ente em seu ser, ao contrário, anunciam meramente a utilidade e a desvantagem das coisas intramundanas externas, para o ser humano dotado de corporeidade"[10]. A reflexão profunda em si, isto é, isoladamente, é estéril para a Geografia, mas como aprofundamento do que os sentidos apreendem é indispensável.

Espaço, lugar, território, região, só têm distinção pura no senso comum. Abstraímos da nossa reflexão a região geográfica por não termos como compreendê-la fora do senso comum. Não só a região natural, mas qualquer outra criada por estudos mais recentes. A região de vivência, a região cultural, política, e outras regiões monísticas. A região é apenas um lugar e como diz Heidegger um "instrumento à mão no mundo circundante". Vejamos, com maior rigor a sua consideração a respeito: "por região indicamos, de início o para onde a que possivelmente pertence *um instrumento à mão do mundo circundante*, e, portanto, passível de localização. Em todo deparar-se, ter a mão, deslocar e descartar um instrumento, já se descobriu uma região. O ser no mundo das ocupações se dispõe direcionando"[11] (grifo nosso). Ele que não é geógrafo evoca a região como qualquer outra pessoa. Ela é só uma localização, uma referência para direcionar-se no mundo. Essa é a região cartográfica, e por isso não pode ser a maior expressão científico-geográfica como querem alguns teóricos do assunto.

Todos na geografia sabemos como a região lablachiana nasceu: para conferir identidade geográfica ao seu criador. Ela emergiu das suas teorias sobre gênero de vida, as quais foram instrumentos de dominação colonialista da França, principalmente, na África. Em que a região empírica lablachiana mudou? Ela serve, do ponto de vista do ensino da Geografia, para levar os alunos a fazerem diferenciações superficiais, de povos, costumes, atividades econômicas, política de uma com as outras. Ela é útil para diferençar, na paisagem sensível, uma grande localização, em termos de escala, de outras. Os registros das macro e micro regiões brasileiras não são um exemplo disso? A fartura de Geografia Regional nos currículos acadêmicos não é uma confirmação da Geografia como meio para não formar, mas só informar sobre "verdades banais", já que elas são só visualizáveis? Quem aborda a região no movimento da materialidade social? Isso nós fazemos com lugar/lugares. Se região é sinônimo de lugar ela se inclui no movimento, caso contrário, não. Ou então alguém "invente" ou descubra uma cientificidade para ela, porque nenhum caráter que lhe foi atribuído até hoje: populacional, cultural, político, econômico, geomorfológico-geológico, hidrográfico, botânico lhe individualiza cientificamente como momento de totalização na natureza social. Ela não passa de um grande símbolo estanque da Geografia. É bom mostrar como o filósofo lança mão de noções geográficas odorizadas de senso comum. "O lugar é sempre o 'aqui' e 'lá' determinados a que pertence um instrumento"[12]. A referência que ele faz de região não limita-se apenas "a direção de" se estende ao âmbito do que está neste direção. "O local constituído pela direção e distanciamento – a proximidade é apenas um modo de distanciamento – já opera uma orientação para e dentro de uma região. Para que a indicação e o encontro de locais dentro de uma totalidade instrumental disponível e *circunvisão* sejam possíveis, é preciso que já se tenha descoberto previamente uma região. Esta *orientação regional da multiplicidade de locais do que está a mão constitui o circundante* (...) Os locais deste manual em contínua mudança, e não obstante uniforme, tornam-se *'Indicações' privilegiadas de suas regiões*. *Esses pontos cardeais que ainda não precisam ter um sentido geográfico* proporcionam previamente para onde de todo delineamento ulterior de qualquer região que possa vir a ser ocupada por locais"[13] (grifo nosso). Insistimos em dizer que Geografia não é sinônimo de cartografia. Esta é técnica e dá respostas a quem procura direcionamentos e endereços terrestres. A Geografia é ciência e tem, por vezes, na cartografia um recurso de visualização por meio de gráficos e cartogramas, para fazer representações instantâneas do que o geógrafo quer mostrar. Qualquer outra ciência, quando precisa, lança mão também de recursos cartográficos.

A Geografia do senso comum é utilitária, tem um sentido pragmático – a região Nordeste, por exemplo é um instrumento fisiológico das oligarquias locais. A região geográfica só é isso: instrumento de intervenção de poder institucionalizado ou não – oficial ou não, ou *locus* de representação factual. Os pontos cardeais que Heidegger refere-se, na transcrição que fizemos acima, são do âmbito da Geografia senso comum por servirem de orientação para localização do que se quer.

O lugar geográfico que aprendemos quando estudante vem sendo uma das máximas do temário geográfico senso comum. Os acidentes geográficos, os fenômenos geográficos e ainda o sítio e a situação e as funções urbanas são do senso comum. Aprendemos cada um deles, de forma parasitária. Os livros que tratavam e ainda tratam do assunto assim os abordam. E os conjuntos agrários? A Teoria das Localizações da Indústria; as redes urbanas? E por aí vai. Se a Geografia senso comum vem, de certa forma, se aprofundando um pouco na academia, por que nas escolas de 1º e 2º graus é só o senso comum que domina? E os cursinhos pré-vestibulares e as provas dos vestibulares de Geografia? É só senso comum. Por que não ensinar na escola que o ponto localizado no mapa é só um agora (como diz Hegel, um agora como limite, como ponto)? A cartografia, que é técnica, não tem obrigação de traduzir a natureza social do que está no mapa. A Geografia, como ciência, não pode abrir mão da interpretação. Não com uma conotação imediatista, senso comum, e sim utilizando conceitos de base filosófica que não estejam impregnados de lógica formal.

O sítio de uma cidade é o local físico onde ela está "assentada" e a curta vida humana não tem tempo de testemunhar as alterações que a natureza "pura" provocará na sua morfologia. Mas cabe ao geógrafo explicar que essa morfologia não é perene, está subordinada não só a alterações, como fruto dos processos geológicos (que o homem não verá), como de processos sociais na superfície, na terra.

A situação urbana sofre a mobilização das relações sociais, impulsionadas pelas necessidades criadas no âmbito do privado e do público, onde a lei do dinheiro é quem determina suas regras. As funções urbanas são a carcaça das relações de poder entre credores e devedores; das relações mercantis (distribuição, troca, consumo), financeiras; de relações contratuais no recôndito da produção de mercadorias, da prestação de serviços, da produção do saber e todas elas são permeadas pelo trabalho, quer como ação alienada, ou como resultado alienado, encravado no empírico sensível. As moradias urbanas mostram que a *função residencial* nem sequer esconde mais (hoje em dia) uma hierarquia de classes. Em momentos passados ela estava na hierarquia dos bairros, ou nos próprios bairros; do núcleo, à periferia urbana. Nos últimos tempos, a evidência na paisagem sensível é a de que essa função desapareceu para os "excluídos", os quais têm na rua, no relento, o seu abrigo. É bom frisar que o que se esconde por trás de toda estratificação social vista na função urbana é o resultado da ação-omissão combinada do binômio Estado x Capital.

As redes urbanas, substrato da hierarquia urbana, que eu aprendi como simples causa-efeito, têm uma explicação na história da aplicação do capital para granjear mais lucros e na apropriação da terra.

As grandes unidades agrárias, estão submetidos a uma estrutura agrária, na qual a estrutura fundiária, se traduz na concentração de renda da terra, que, pelo que ela representa, pode ser sinônimo de capital, nas mãos daqueles que estão no cume da equivalência social, os quais, aqui no Brasil, são o esteio do tipo de Estado Capitalista existente – um Estado Latifundista. Os médios e pequenos empreendimentos agrários correspondem a uma maior ou menor intensidade natural ou social do trabalho. A dimensão do solo pode não ser grande, mas se a sua propriedade natural, a fertilidade, é adequada à produção de determinadas culturas, com alto preço de mercado, e a intensidade do trabalho vivo é forte, a produtividade natural será elevada, o que garantirá os altos ganhos aos donos de processos produtivos agrícolas. No caso da fertilidade do solo ser baixa, mas o produtor dispor de capital para adquirir o que a tecnologia agrária oferece, quanto à mecânica, à química e à biologia, a intensidade do trabalho morto é alta e a produtividade social do trabalho também. Nesse caso o produtor adequará a tecnologia ao que ele quer produzir para lhe dar lucro. Os conjuntos agrários da agricultura pobre só vão contar com o fator fertilidade natural do solo para que os pequenos produtores possam cultivá-lo. Estes não têm poder no mercado, são descapitalizados e sofrem todas as agruras (aqui no Brasil, por exemplo) do desamparo de uma política agrícola. Ficam nas mão daqueles que estão aí para explorá-los: intermediários comerciais; indústrias de produtos agrícolas, empresas de "integração" para "facilitar" a produção, em termos de capital e tecnologia, e em contrapartida, cada um arranca dos pequenos produtores, excessivos excedentes de trabalho. O grau de exploração atinge, por vezes, níveis exorbitantes.

Em síntese, os conjuntos agrários não sofrem determinações naturais como o senso comum transmite e sim determinações sociais próprias de uma sociedade (no caso a brasileira) calcada na exacerbação da exploração econômica, onde o capital e a terra como relações sociais executam a sua perversão.

A relação cidade x campo não é uma relação entre produtores e vendedores como diz o senso comum, é mais uma relação de dominação, que nasce na cidade vai ao campo e volta, ou vice-versa; tem um fluxo e um refluxo. Aí o poder do dinheiro e interesses de mercado comandam a ação da trilogia: capital, terra e trabalho, na produção e circulação de mercadorias.

A população não é um conceito numérico, daí a Demografia não poder ser sozinha uma companheira da Geografia para explicar os fenômenos de natalidade, mortalidade, crescimento vegetativo, movimentos migratórios e outros, embutidos no senso comum. Os estudos demógrafo-populacionais, na Geografia, são da competência do senso comum, em que procura-se explicitar o fenômeno por ele mesmo. Isto é, não explica-se a realidade do fenômeno. O pensamento dialético não deixa o fenômeno em-si escapar, mas caminha fora dele para alcançar o seu conteúdo, explicá-lo e interpretá-lo. Por exemplo, o fenômeno da migração campo-cidade tem muito mais a ver com um dos grandes eixos de questão agrária – renda fundiária – do que com "o homem é expulso do campo porque não pode mais trabalhar em sua terra e vai para as cidades em busca de emprego para não morrer de fome". Por que tudo isso? Esta tem que ser a indagação. E para ela ser cientificamente respondida deve ir à raiz da problemática agrária: a renda da terra. Esta interessa aqueles que têm uma equivalência social de expressão (equivalência comprometida diretamente com o patrimônio material dos seus detentores). Os agricultores de grande porte ou os especuladores de terra vão em busca da terra de exploração, quer para aumentar os seus domínios agrícolas[14], ou as suas áreas de pastagens (sejam elas falsas ou verdadeiras), ou, num outro polo, para estarem com maior poder de barganha no mercado de terra.

Quanto mais terras "repousadas", mais os grandes proprietários concentram maior fatia de capital em potencial e alcançarão, na realização da renda fundiária para si, altos ganhos, como vem acontecendo nesse país, nos últimos anos, na falsa reforma agrária que o governo Fernando Henrique Cardoso implantou, em que, ele premia os especuladores com a realização de uma renda absoluta de ponta[15].

Para esses privilegiados da sociedade brasileira, seja no caso de desenvolverem uma atividade de plantação ou pecuária, ou serem "só" os detentores da terra – reserva de valor – quando lhes convém, eles "retiram"[16] dos pequenos agricultores que têm na terra um meio para trabalhar para-si e sua família (mesmo que, de um modo geral, não se apoderem de todo o resultado do seu trabalho), as chamadas condições de produção: acesso a financiamento e juros subsidiados para aquisição de insumos agrícolas, e instrumentos de trabalho e de comercialização. A agricultura pobre vive num completo abandono, daí os pequenos produtores estarem sempre vulneráveis à ação de pessoas ou grupos economicamente fortes, que queiram suas terras. A expulsão do pequeno agricultor de suas terras nada mais é do que "a transferência forçada da renda capitalizada das suas mãos para os "agroespertos" de plantão[17]. Renda capitalizada como já afirmamos noutro trabalho é o tipo mais genérico de renda fundiária. Daí a nossa afirmação inicial sobre esse assunto. A renda da terra está na raiz do problema agrário brasileiro. É claro que quando o pequeno produtor perde a capacidade de produzir em suas terras pela transferência coercitiva (enrustida) da sua renda capitalizada para terceiros (que a realizam para si quando querem, ou quando as condições específicas do mercado de terra convidam a realizá-la, caso do momento Fernando Henrique Cardoso em 95-96-97, no Brasil) e deixa de ter o "seu" meio de reprodução, vai vender força de trabalho, no campo, ou na cidade, onde ele encontra alguém com meios para comprá-la[18].

O estudo da população na Geografia exige o aporte de outras ciências sociais como a Economia Política e a Sociologia, para explicar o porquê do lugar de pessoas nas classes sociais, a perda dos indivíduos na coisidade da força de trabalho do homem genérico, ao mesmo tempo submetido na sociedade, não por obra do acaso, mas das leis sociais dominantes.

Fala-se atualmente na internacionalização dos lugares, das cidades, dos países, subjacentes ao modismo da globalização. Em primeiro lugar, é bom destacar que modismos são senso comum, a ciência não é feita deles e sim de teses universais que são verdades momentâneas na roda da história, onde elas sempre serão superadas por outras, no esteio de novas certezas científicas instantâneas. E por outro lado, globalização é a etiqueta do movimento do capital nas últimas décadas, universalizado pelas instituições financeiras por meio de computadores e da microeletrônica que formam a imensa rede de comunicação dos detentores do dinheiro hoje.

Queremos, outrossim, exaltar que os lugares geográficos não se internacionalizaram nos últimos anos. Eles são o reflexo do movimento do capital. Eles são unos e múltiplos. Dos micro aos macro lugares; das casas moradias, às ruas, bairros, cidades, países. Tudo se universaliza pelo trabalho manual ou intelectual como ação ou resultado. A mundialização dos lugares pelo trabalho vem se intensificando desde o período monetário, com a circulação simples de mercadorias, a circulação das descobertas científicas e da produção intelectual.

Ela tornou-se mais arrojada, é claro, com o desenvolvimento do capitalismo a partir do século XVIII e se exacerba nos vários momentos com o crescimento das forças produtivas da sociedade, que tem até agora, na robotização, na eletrônica e na informática, principalmente, uma mundialização muitíssimo mais rápida. Desde o mundo Antigo que os produtos do Oriente chegavam ao Ocidente, a Roma, e vice-versa, e os escritos em pergaminho percorriam o mundo conhecido, no ritmo dos meios de circulação da época, submetidos às coordenadas que impulsionavam as rodas do progresso; as quais, comparadas ao dinamismo de hoje eram lentas demais.

A mundialização das cidades se realiza no ritmo da circulação do dinheiro, da aprimoração dos transportes e das redes de comunicação. O dinheiro não é algo dado, é fruto do trabalho humano. Se o trabalho humano está cristalizado nos objetos fabricados, inclusive nas moedas, no papel moeda aonde eles chegarem, fração de humanidades neles incorporadas chegam também. A mundialização moderna do capital data do século XVIII, com intensidades diferentes de lá até os dias atuais.

Sob um outro prisma, o do conhecimento e das descobertas científicas, eles também circulam pelo mundo conhecido nos períodos históricos. Senão, como vêm chegando até nós os caminhos filosóficos trilhados pelos pensadores de todas as épocas como a tríade grega antiga, Sócrates-Platão-Aristóteles e seus antecessores? E as criações literárias, as artes plásticas, musicais e cênicas dos imortais? Como Marx, Hegel, Nietzsche e outros filósofos estão presentes neste trabalho que escrevo agora? Um trabalho aparentemente solitário, mas no qual, no entanto, dialogo em silêncio com eles. Quando lemos suas obras, nosso raciocínio penetra no deles. O seu pensar daqueles momentos está registrado em cada página dos seus escritos que manuseamos. Há uma presença abstrata, sem corporação, mas real, do seu trabalho passado, no nosso trabalho de agora. Os lugares onde eles realizaram suas obras, que ora consultamos e nos servem de base para refletirmos sobre o temário geográfico, estão na sala de estudo, onde nosso trabalho está em ação, numa relação entre o trabalho cristalizado deles e nosso trabalho vivo. Isto é só um exemplo. Qualquer um que lê esse texto terá, sem dúvida, inúmeros casos a se reportar.

Não trata-se aqui de abstração metafórica, é a concreção do tempo nos lugares, pelo trabalho dos filósofos que abordamos e esses lugares são geográficos, localizam-se, deslocam-se e têm vida pelas energias neles encravados. Os lugares geográficos são vivos e não inertes. São lugares passados, no presente e no futuro. São lugares cronológicos e não cronológicos. A energia quando cristalizada perde a cronologia, é só materialidade do tempo.

Os "lugares" resultantes de processos sociais, que são os lugares construídos, não estão inertes na paisagem sensível, nem na paisagem suprassensível. Eles estão sofrendo algum tipo de desgaste pelo uso levado a efeito nas relações sociais que os sublinham como tal; ocorrerá aí uma "corrosão", imperceptível ao olhar humano e nem por isso deixa de constituir-se numa concreção, que só é visualizada quando já há resultados a serem constatados a olho nu. O olhar humano só enxerga resultados. Os lugares construídos também passam por processos de destruição e reconstrução, de acordo com as "necessidades" sociais, estas podem estar no âmbito do público ou do privado; o importante é ter-se em mente, que por mais que a aparência seja de fixidez dos lugares, esta é negada pela sua mobilidade real.

Quando consideramos o lugar continente; o lugar país; o lugar estado; o lugar cidade, ou qualquer outra unidade locacional reconhecida oficialmente, não podemos perder de vista a sua mobilidade. Cada uma delas é mediação nela mesma para "ser" em unidades menores. Os continentes se negam para se afirmarem nos países; que se negam para serem nas cidades; que se negam para se objetivarem nos bairros; nas ruas; nas praças; nos prédios públicos e privados; nas diversas casas, que abrigam atividades de reposição da força de trabalho, tais como bares, restaurantes, boates, praias e outros passeios públicos que detêm a função de diversão, entretenimento e lazer. Num outro extremo como lugar de reposição da força de trabalho, estão os hospitais; as casas de saúde; os postos de saúde; as clínicas médicas e outros estabelecimentos do ramo os quais guardam na sua funcionalidade o tratamento e a recuperação da força de trabalho (livre, ou submetida); bem como as residências. Local, *a priori*, de descanso, para a força de trabalho repor, de fato, suas energias, para continuar produtiva em seguida.

É necessário, levar em conta o enorme contingente da força de trabalho (subordinada), que está desempregada, isto é que não está sendo produtiva e para qual essas funcionalidades consideradas acima talvez não contem. No entanto, se nos determos mais amiúde, entenderemos que os desempregados estão à margem do processo produtivo pelos ditames da crueldade do Estado e da sociedade, cumpridores da ordem de um capitalismo contraditoriamente excludente e que, para vários deles, essa exclusão é temporária. Assim sendo, mesmo estando sem movimentar a sua força de trabalho para se reproduzir, eles podem comparecer a alguns dos lugares de reposição da força de trabalho, apontados acima, de forma mais demorada do que aqueles que estão na ativa. O lugar moradia inquestionavelmente é comum para qualquer um deles, os que estão no circuito produtivo, ou não.

As casas, onde os trabalhadores se exercitam, como tal, são lugares de reprodução da força de trabalho. Nelas vem havendo um encolhimento de oferta de trabalho, determinada pela irracionalidade de políticas neoliberais, subordinada às leis do capitalismo financeiro, chamado de "globalizado", nesse momento exacerbado do capitalismo que sempre foi internacional.

Bares, restaurantes hotéis, casas noturnas de diversão, em geral, guardam a peculiaridade de serem, ao mesmo tempo, lugares de reprodução da força de trabalho (para aqueles que estão trabalhando) e lugares de reposição da força de trabalho, para os que aí estão se divertindo. Por outro lado, os hospitais e casas similares têm também uma dupla função: são locais de reprodução da força de trabalho, para aqueles que estão aí executando varias atribuições de trabalho, de acordo com o cargo que ocupam; e lugar de reposição da força de trabalho para os que estão se tratando de alguma enfermidade.

O contingente humano que está, pelos ditames sociais, à margem do que a sociedade oferece e se situa muito abaixo da linha da pobreza universal, no "recinto" globalizado da miséria e subsiste de qualquer jeito, sem sequer uma refeição diária, se alimentando de restos, pode ocupar alguns dos lugares a que nos referimos acima, de uma forma perversamente peculiar: como pedintes, ou em hospitais públicos, frequentemente, nos seus corredores, para serem atendidos "quando têm sorte", de algum jeito, ou perecerem por falta de atendimento, como acontece, diariamente, em vários hospitais desse país. Estes não repõem força de trabalho, porque a sociedade lhes nega o direito à dignidade de trabalharem e proverem a si próprio e as suas famílias; e não têm casas, residências, para descansarem e fazerem a reposição de suas energias. Eles somente se abrigam de forma animal, já que não lhes resta outra alternativa. Suas casas "são" marquises de prédios, ou cubículos "construídos" com o material que encontram. Eles personificam a desumanidade clara, que a sociedade de classes produz no seu interior.

Pelo que expusemos acima, demos a conhecer que os lugares construídos, além de deterem, neles mesmos, "os lugares no lugar", ou o seu contrário, eles sutilmente têm uma marca que os individualiza, instantaneamente, das espacialidades: os lugares têm vida, as espacialidades, não. Nos lugares as pessoas estão praticando alguma ação; aí há relações interpessoais diversas. Por exemplo, o lugar sala de aula é caracterizado pela troca de saberes, entre alunos e professor, durante um exercício de ensino-aprendizagem; as ações são claras, há vida. Quando a aula termina e as pessoas saem, o lugar sala de aula é metamorfoseado numa espacialidade morta. Toda espacialidade é morta, visto que ela só contém trabalho morto; se nela, de um momento para outro, passam pessoas, ou acontece qualquer atividade, ela é transformada de espacialidade morta em lugar vivo. Portanto, não existem lugares vazios e sim espacialidades mortas. Este é o raciocínio da mobilidade dos lugares e das espacialidades.

Os lugares construídos se justapõem às espacialidades, que também são construídas, produzidas pelo trabalho, porém essa justaposição só torna-se real pelas ações humanas de qualquer ordem. É a "vida" dos lugares, que os distinguem, momentaneamente, das espacialidades. Quando as atividades exercidas em qualquer lugar têm fim, as pessoas que estavam envolvidas nelas as levam, na memória, para onde forem; quer dizer, os lugares serão trasladados na memória dos participantes das ações levadas a cabo então para um outro lugar onde eles estejam se deslocando. Isso porque são as pessoas em ação as responsáveis pela existência dos lugares. Esta é uma outra forma de se compreender a mobilidade dos lugares e, estendendo esse raciocínio, para pessoas em "n" atividades, aqui e ali, constata-se com clareza o movimento dos lugares no lugar; e do lugar nos lugares.

Com relação ao lugar construído, sala de aula por exemplo, a racionalidade da movimentação dos lugares, quem sabe, é de mais fácil compreensão, porque está-se falando da concreção de processos de trabalhos diversos anteriores, mas fundamentalmente necessários à construção da sala de aula em si. A concretude de inúmeros trabalhadores estarem em ação em processos de trabalho pretéritos, em lugares diferentes facilita o entendimento do aluno a respeito da mobilidade dos lugares; uma vez que eles vão entender que aquela sala de aula onde eles se encontram agora não caiu do céu. Houve ali, de forma imediata, o processo de trabalho final, para que ela se encontre como eles estão vendo no momento em que estão lá. Contudo, ao mesmo tempo, eles vão entender que ela, apesar de ter sido construída para aquela função (sala de aula), ela só existe quando funciona como tal; caso contrário, não passará de uma espacialidade morta. E qualquer sala de aula, ou uma outra construção voltada à finalidades das mais diversas, desde que abrigue ações humanas nelas, é um lugar geográfico, que sofre a mobilidade, a qual demos a conhecer na digressão teórica, que ora executamos.

O senso comum, que aborda tudo em separado, é responsável pela secular divisão da geografia. Divisão que a deixa abalada na sua caracterização como ciência. Talvez a mais compartimentada de todas: Geografia Física e Geografia Humana. A primeira voltada para os chamados fenômenos físicos, ou acidentes físicos ou fatos da natureza, e a Geografia Humana que trata da humanidade, a qual, durante muito tempo, vem sendo considerada no naturalismo simples. Só nas últimas décadas alguns geógrafos estão descobrindo que a humanidade é também produto histórico. A partir de então, mesmo continuando-se a designar Geografia Humana, ela passou a ser social.

A reflexão cognitivo-dialética, ou o método empírico-processual-reflexivo nos diz que a Geografia Física se ocupa dos fatos exteriores ao homem, não criados nem produzidos por ele, mas nem por isso eles deixam de ser sociais, contêm um naturalismo social, não só pela ação histórica do homem, como pela interligação de todos os elementos desta "natureza" na vida humana. Marx disse que "a natureza é o corpo inorgânico do homem com a *qual ele tem que estar em contínuo contato para não morrer*"[19]. Esta é uma das afirmações mais densas de Marx. "Isso não significa que a natureza seja corpo humano"[20].

O corpo humano é o orgânico, o que está nele: o homem. O "corpo inorgânico", que está fora dele, é tudo o que o homem precisa para manter-se vivo, alimentar-se e cumprir outros atos básicos de vivência. Além disso, é possível fazermos uma interpretação muito "geográfica" sobre a frase em pauta, nos prendendo rigidamente a certas palavras que estão grifadas. O homem não precisa estar em *contínuo* contato com a natureza para se alimentar ou tirar dela outros meios de sobrevivência, mas o *ar* que ele respira se lhe faltar, por alguns minutos, ele não viverá. O que é o ar, senão a síntese dessa natureza exterior ao homem, não criada nem produzida por ele? Síntese, porque nele estão contidos os elementos naturais fundamentais à sua existência: terra (nela está a vegetação), água dos rios, do mar, formas de relevo. A terra é o solo, a superfície da Terra. Se há superfície, há uma estrutura de sustentação, que são as rochas formadas por minerais, os quais se decompõem ou fragmentam-se em contato com a atmosfera e formam os solos. Por tudo isso depreendemos que há uma intimidade muito estreita entre os vários componentes da natureza nata e, quando nós respiramos, estamos levando para dentro de nós fração dessa natureza. Ela é social. É natureza social que dispensa o desenvolvimento de relações sociais para configurar-se como tal. Seja um trabalho familiar, ou coletivo, ou individual; no solo, na rocha, na vegetação, nas águas etc. Estes são sociais pela simbiose orgânica natureza-sociedade do homem em-si que é natural/social e do homem de-si no outro (ar) com tudo que ele contém[21].

Se a ciência é Geografia, por que não se fala só em Geografia? Ciência do espaço social, tendo como escopo o lugar empírico sensível e ao mesmo tempo processual histórico; lugar que sofre as pertinências dos movimentos (processos) naturais e das relações sociais. Que é natural, pelo que o homem não formou ou não forma, e histórico, pelo trabalho; que é natureza e sociedade a um só tempo.

O território geográfico senso comum é o território de uma cidade, de uma rua, de um bairro, de um município, estado, país; de uma fábrica, de uma fazenda, de um sítio etc. O que importa, no caso, é a escala considerada. Fala-se também no território continente, o que na nossa concepção é desconsiderado. Há inúmeros territórios segundo a lógica fragmentária. Territórios fragmentados, próprios do empirismo analítico e da evidência "pura"[22]. Territórios delimitados por poderes políticos pretéritos ou atuais.

No método que utilizamos para entender e interpretar os fatos geográficos, o território é, num primeiro momento, o substrato físico da terra, mas de fato ele pressupõe apropriação-gestão, posse econômica, gestão, manifestos no fenômeno de territorialização que é o próprio processo de formação das territorialidades; até os territórios submersos, marinhos, são gestados pelos governos dos países litorâneos.

Os territórios naturossociais emersos não são somente os solos e sim estes e tudo que há neles: fauna, flora, quedas d'água, rios etc. Se constituem como propriedade privada e individual, capitalista ou não, de grupos empresariais, nacionais ou transnacionais, por um lado, ou como propriedade do Estado. Cada um deles administrado pelos seus donos. A territorialidade privada pode se justapor à territorialidade institucional-estatal, nas fronteiras entre países, estados, municípios e cidades, a despeito da chamada geopolítica dos diversos poderes, pela subordinação dos mesmos poderes às leis tributárias. Quer dizer, como a terra capitalista é alodial, a territorialidade privada está na territorialidade estatal, pelo ato do pagamento em dinheiro sob a forma de impostos, dos sujeitos proprietários particulares para os cofres públicos. Neste sentido, o privado está no público e vice-versa.

O território não é algo seco, estático, sem movimento. De certa forma, como já aludimos acima, é o fenômeno da territorialidade privada, no processo de territorialização, que o torna processual, dinâmico; fenômeno subjacente à terra institucionalizada oficialmente como renda fundiária – mercadoria alienável.

O processo de territorialização estatal determina a territorialidade livre de renda fundiária, mas a ação administrativa, de mando, dos seus responsáveis, são a substância dinâmica da sua inércia aparente. A territorialidade oficial urbana sofre inúmeras intermediações desde o administrador local (prefeito) que, através da sua secretaria de obras e de outras secretarias, planeja e executa a construção de prédios públicos, pontes, viadutos, calçamento de ruas, asfalto, obras de saneamento e esgotos, praças, áreas de lazer, etc. Os governadores e o Presidente da República, por meio de suas secretarias e ministérios respectivamente, cumprem a sua parte na territorialização. Nas construções entram a figura do empreiteiro de obras que se tornará o agente personificador do dinheiro-capital, como se fosse o seu possuidor, encobrindo uma metamorfose social do dinheiro público no bolso empresarial e, quem sabe, noutros bolsos individuais[23]. O dinheiro como instrumento de intermediação do público no privado, nas construções, constitui a fantasmagoria do processo de territorialização e o capitalista urbano, muitas vezes, embute o que há de ilícito na face do lícito nos negócios governamentais. Fato que determina uma territorialidade fetichizada. Aí está a territorialidade, produto do fetiche e da alienação, símbolo da materialidade do tempo na espacialidade imediata do resultado do trabalho social.

Saindo da instância municipal, o governo estadual e federal, numa relação, senão idêntica, muito semelhante, quem sabe ampliada nas suas filigranas, constrói redes de circulação (rodovias, ferrovias, hidrelétricas etc.), o que confirma uma territorialidade com as mesmas características da territorialização acima descrita. Isto é, o governo é o intermediário da ação lucrativa de empreiteiras que, por meio dos seus proprietários, comandam os ciclos de trabalho e frequentemente eles, os empreiteiros, são os mediadores do desvio do dinheiro público para os bolsos de representantes das três casas da República do Brasil e de seus "apaziguados". A territorialização confirma uma territorialidade de usurpação material e de miséria moral. É o caso de grande parte do território brasileiro. Há uma concreção não só da exploração do trabalho, do fetichismo econômico, como da carência ética em que o país vem mergulhando ao longo de sua história, em particular, nos últimos anos. A territorialização, pelo ato de materialidade das relações de trabalho nas construções, confunde-se com o processo de produção espacial, cuja espacialidade (momento da espacialização) se imbrica na territorialidade – esta como resultado da territorialização; – a espacialidade como produto momentâneo da construção do espaço.

Se aprofundarmos mais esse raciocínio, afirmamos que a territorialidade urbana e interurbana está na espacialidade e no lugar urbano ou intraurbano, a um só tempo, como sínteses de tempos de diversos momentos de trabalho. Dizendo, com mais clareza, a territorialização está no processo de espacialização e na multiplicidade de lugares, pela ação da troca; da execução de inúmeros trabalhos; da apropriação de lucro por empresários, que acumulam com dinheiro público; da transferência de parte desse lucro para políticos desonestos e seus "auxiliares"; de pagamento de salários aos trabalhadores e outras relações. Relações legais e ilegais. Faz-se premente entender que esse movimento não é linear, como demos a conhecer nos parágrafos acima; quer dizer, a territorialidade está na espacialidade, no lugar uno; a territorialização está na espacialização, na mobilidade dos lugares, assim por diante. O que queremos dizer é que se há um conceito individualizador, que suscita permanência, para um ou outro tema, ele se desfaz no processo reflexivo. Se constitui em um outro, num vir a ser interminável, próprio das relações sociais. Noutras palavras, o entrelaçamento de territorialidade, espacialidade, lugar; espacialização, territorialização, multiplicidade de lugares é inevitável, segundo o método que trabalhamos. No processo em que eles se constituem individualmente, também se confundem. O reverso de cada um deles está neles mesmos, bem como o em-si é o outro. Com tudo isso, não queremos dizer que as particularidades não contam. A especificidade da territorialidade, como já dissemos, está na territorialização, que corresponde à ação de mando, manifestação de poder. O território é a concretude da "vontade de potência" em momentos do espaço. Não só do Estado nacional, como do Estado Capitalista em geral e de grupos empresariais locais, nacionais e multinacionais.

Vontade de potência, como entendemos em Nietzsche – um poder que emana das entranhas do egoísmo do indivíduo, independente de sua equivalência social, da classe em que ele se encontra – é a vontade de poder mandar, dominar, castigar; ao mesmo tempo em que essa vontade transmuta-se em altruísmo, concessão, piedade. É a vontade de poder da moral cristã que domina o mundo ocidental. Só que a potência de quem está no cume da escala social é muito mais forte do que os micropoderes, que se inserem rapidamente em microespacialidades. A vontade de potência, como existe até hoje, sempre recorrente, escraviza o homem na sua interioridade – pensamento, desejo, ausência de autoconhecimento – e nas suas ações com o outro, prenhes de crueldade, comiseração, estupidez, bondade, tirania, benevolência etc. É a contradição psicológica do homem, materializada na sua relação com o outro; atitudes próprias de emoções conflitantes. A vontade de potência manifesta-se em conformidade com as exigências de situações circunstanciais, ou criadas pelos dominadores das classes sociais, ou pelos dominados que, instantaneamente, "podem alguma coisa". Tal poder está encravado na territorialidade legal subjacente ao fenômeno de territorialização em-si que está intimamente ligada a arbitrariedade da humanidade desgastada, não só pela mutilação externa, sofrida nas relações sociais, como também pela interiorização dogmática dos seus instintos.

Há uma contrapartida de domínio de território que precisa ser destacada. É a justaposição de territorialidades na territorialização produzida por pessoas, individualmente, ou de grupos, aparentemente, à margem da sociedade. Caso dos "flanelinhas" (vigias de carro), crianças e adolescentes que, com seus tabuleiros de bugigangas, de doces e outras guloseimas vendem suas pequenas mercadorias em semáforos ou outros pontos da cidade; engraxates, camelôs, mendigos, prostitutas, todos territorializam um ponto na territorialidade existente pela apropriação e gestão instantânea dele. É uma apropriação e gestão efêmera (efemeridade territorial legítima, há ação efetiva de trabalho e de poder) que convive, momentaneamente, com a legalidade territorial. Há aí uma concreção anelada da vontade de potência. As gangues de tráfico e outros negócios ilegais, perante a lei, na sua organização hierarquizada, territorializa o território legal, em vários momentos espaciais, com um poder próprio dos grandes, médios e pequenos possuidores de dinheiro, de acordo com o *status* dos diversos membros, nas várias facções do narcotráfico, do jogo do bicho, do contrabando, etc. Todos, sem exceção, encravam com maior ou menor intensidade e duração sua vontade de potência na territorialidade.

As chamadas terras devolutas urbanas ou rurais que são do Estado, deveriam ser públicas, mas não são (caso do Brasil). São territorialidades de gestão estatal. As construções feitas nelas pelo Estado é que passam a ser de uso público. No entanto, se contingentes de pessoas ocuparem parte delas, para fazerem suas moradias nas cidades, por não disporem de meios financeiros para pagarem por elas e não ficarem, animalescamente, procurando um abrigo nas ruas, são frequentemente expulsos, pelas milícias do governo, por vezes com atos extremados de agressividade, traduzidos em assassinatos cometidos em nome da lei e da ordem.

No campo, a ocupação das terras devolutas pelos Sem-Terra, para delas tirarem seu sustento, também é marcada por atos de barbárie. O rigor da vontade de potência manifesto na territorialidade estatal não se articula (é óbvio) com atos humanitários do trabalhador, de se assentar na terra para suprir, pelos seu trabalho, e de sua família, suas necessidades mais prementes. Por isso, são duramente penalizados. Nesses casos a territorialidade estatal não é só tirana, mas de uma crueldade sanguinária.

Se de um lado o governo não permite que os despossuídos ocupem suas terras, por outro lado, há um reverso arbitrário que são as concessões acintosas a capitalistas de grande e médio porte de parte das terras devolutas. Elas são invadidas por empresários, para aí realizarem suas façanhas lucrativas, seja pela apropriação de terras agrárias ou terrenos urbanos. Como exemplo podemos citar o cordão de terras à beira-mar, na Via Costeira de Natal (RN), dado pelo governo local na década de 80 a empresas que construíram e vêm construindo hotéis, os quais se incluem no planejamento do turismo do estado, que vem se desenvolvendo desde então. Hoje, o número de hotéis de luxo e semiluxo, à beira-mar, com verdadeiras praias particulares para os turistas é um acinte a consciência de qualquer cidadão. O povo é privado do uso dessas praias, que, por princípio, deveriam ser públicas e aqueles que podem pagar pelas altas diárias dos apartamentos dos hotéis, utilizam-se delas (das praias), da sua paisagem, como uma mercadoria. A área, a que estamos nos referindo é privilegiada pela paisagem litorânea, por toda a beleza que ela contém, fato que eleva o preço dos apartamentos voltados para a mesma. Os donos dos hotéis do turismo tomam a paisagem circundante aos hotéis como mercadoria que o turismo "produz", para vendê-la aos turistas.

Salientamos, outrossim, que a paisagem apreciada pelos turistas dos vários hotéis da Via Costeira é uma falsa mercadoria (como qualquer outra paisagem usada pelo turismo). Mercadoria capitalista tem preço (valor de troca) que pressupõe valor de uso, que pressupõe valor. É apropriada por quem paga por ela e o seu valor de uso, sofre desgaste com o tempo. A paisagem natural é desprovida dessa feição. Na verdade, o lucro dos donos de hotéis vem dos seus trabalhadores, associado as benesses do governo que cedeu-lhes parte do território da União. Há, nesse caso, uma ligação entre os favoritismos do governo local com o federal, já que as terras de beira de praia são da União. É a unificação estatal e privada da vontade de potência na territorialidade pública.

Notas

[1] *Lições sobre a Filosofia Política de Kant*: 1993, 82.
[2] *Fenomenologia do Espírito* – 1992, 60.
[3] Op. cit., 61.
[4] Gaston Bachelar; *A formação do Espírito Científico*; 1996; pg 21.
[5] G H F Hegel; *Fenomenologia do Espírito*; 1992; pg 69.
[6] Op. cit., 61.
[7] Op. cit., 71.
[8] Jacques Derrida; *Margens da Filosofia*; 1991, pg 76.
[9] Gaston Bachelar; *A Formação do Espírito Científico*; 1996, pg 22.
[10] Martin Heidegger; *Ser e Tempo*; 1996; pg 143.
[11] Op. cit., (parte II), 1996: 17.
[12] Op. cit.; 150.
[13] Op. cit.; 151.
[14] Caso, no Brasil, dos grandes proprietários de canaviais, de soja, de café e algodão (no passado), de frutas tropicais; mais recentemente, dentre outros casos.

[15] Não chamo esse tipo de renda ocasional de renda de monopólio porque, na minha compreensão, qualquer renda fundiária é determinada pelo monopólio privado da terra, quer em quantidade limitada, quer em quantidade diversificada. No caso pensado seria uma renda de monopólio absoluta, de ponta (máxima, um absoluto maior).

[16] Retiram, entre aspas porque, na verdade, os grandes proprietários não retiram nada, isso não existe. A política do governo, totalmente ausente nesse setor, é a responsável pelo fato e facilita a concentração fundiária pelos grandes proprietários. A ação destes perante os pequenos agricultores, para usurparem suas terras, é de mediador do Estado opressor. Eles personalizam o Estado naquele momento.

[17] Ver a respeito, Silva, Lenyra. "A Ingerência da renda da terra na questão agrária" In A natureza contraditória do espaço geográfico, Contexto, São Paulo, 1991.

[18] O que está cotidianamente mais difícil nesse país do "surrealismo" neoliberal, onde o aperto da economia promove uma retração da produção, em qualquer esfera, deixando a troca e o comércio também encolhidos para o trabalho vivo e só abre espaços à especulação financeira que dispensa o trabalho vivo "sem qualificação" e em quantidade. Isto, associado a febre da informática, onde o computador torna-se imprescindível aos apelos da pós-modernidade, em qualquer negócio ou função, o homem, trabalhador do campo, semianalfabeto, não tem vez. O que vem explicar a proliferação de serviços de cameloagem, dos mais organizados, aqueles que só contam com um tabuleiro e um banquinho na calçada das ruas para venderem calçados, frutas, feijão-verde (nas capitais nordestinas) etc. e têm como moradia ou as proteções das marquises dos edifícios ou brechas de viadutos ou as "catacumbas" de homens vivos que são os cortiços e as favelas, "verdadeiras casas dos Mortos".

[19] Manuscritos econômicos e filosóficos de 1844. Primeiro manuscrito, p.15.

[20] Op. cit., p.15.

[21] Essas rápidas palavras não têm a pretensão de resolver o binarismo geográfico e sim fornecer ideias para que os interessados pensem mais a respeito e deem continuidade, com mais ênfase ao debate sobre os problemas que vêm marcando a compartimentação da Geografia.

[22] Há alguns trabalhos, sobre território, que fogem ao senso comum, onde se identifica uma abordagem filosófica fora do pragmatismo corriqueiro, mas recheados de fenomenologias causais-funcionais, as quais impedem uma maior visão de contrapontos conflitantes, que dizem dos processos realizados na territorialidade funcional contraditória.

[23] O que o Estado tem que fazer é remunerar os empreiteiros pelos serviços prestados, de acordo com o preço real de mercado, mas quase nunca é assim. O preço torna-se exacerbado por acordos realizados entre aqueles que personificam o governo, na transação e os donos das empreiteiras; e inúmeros políticos do governo e seus comparsas saem ganhando nessa relação ilícita (nos referimos ao caso brasileiro, particularmente).

A FILOSOFIA DO MÉTODO NA PRÁTICA GEOGRÁFICA

*O tudo e o nada se confundem
na imensidão do incompreensível.*

Neste texto enfocamos aspectos de algumas das correntes filosóficas de maior destaque entre os séculos XVII e XIX. A filosofia "contemporânea" do século XX ficará para uma próxima 'conversa", quem sabe com Guattari e Foucault – herdeiros de vários princípios nietzschianos – e Marcuse e Lefebvre grandes intérpretes do pensamento de Marx.

A escola existencialista (desse século) embora um dos seus predecessores – Kierkgaard – Seja do século passado, não estava na mira desse rápido ensaio filósofo-geográfico, mas alguns dos seus representantes são mencionados, com suas caracterizações por terem sido fortemente influenciados por Husserl, pai da fenomenologia racionalista, que iniciou os seus trabalhos no último quartel do século passado e enveredou por esse século até o fim dos anos 30, criando um método que penetrou nas Ciências Sociais e vem sendo adotado por alguns geógrafos.

Nosso diálogo, no entanto, está centrado principalmente, em Marx e Nietzsche. A presença de Hegel é inevitável, não só por ter sido um marco para a filosofia moderna, como por constituir-se na mais forte referência de Marx no campo da filosofia.

Queremos, nesse trabalho, acentuarmos a importância da dialética materialista, como método das Ciências Sociais em geral e chamarmos a atenção para uma possível ampliação dessa forma de pensar o mundo e trabalharmos cientificamente com a introdução de alguns princípios nietzschianos, voltados à psicologia do indivíduo, no temário das relações sociais. Tentamos, noutras palavras, uma aproximação entre a filosofia psicológica de Nietzsche e a filosofia de Marx, ambas unidas pelo motor universal da contradição, que divide e funde, no mesmo movimento, o eu único e o sujeito universal, na concretude da vida dos homens, no âmbito mais amplo de suas relações.

Sem pretendermos fazer qualquer inventário das linhas filosóficas que vêm norteando a teoria e a pesquisa no campo das Ciências Sociais (como um todo) teceremos alguns comentários sobre algumas delas, quando nos posicionaremos com relação a possíveis avanços que, a nosso ver, permitirá uma compreensão mais humanizada, por isso menos mecanizada, das relações sociais.

De um modo geral, as relações sociais vêm sendo analisadas ao longo do século XX, do ponto de vista filosófico, com uma forte herança cartesiana oriunda do século XVII, em que se busca a identificação de evidências, da verdade única e justifica-se uma dúvida mística na análise da realidade. Do mesmo século, além de Descartes, recebemos a influência de Espinosa e de Thomas Hobbes. O primeiro, autor de *Ética*, foi considerado o "filósofo das substâncias". "Os homens não optaram para viver em sociedade, para se tornarem escravos, mas para serem livres e mais felizes. O Estado por conseguinte, só pode ter como objeto a liberdade"[1]. Seu princípio principal, sob o qual quis edificar sua metafísica, sua ética, sua poética, está contido nessa afirmação "o desejo é a essência do ser"[2].

Hobbes, autor de *Leviatã*, concebia "o pacto social como alienação definitiva da liberdade natural nas mãos do soberano"[3], Leibniz e Hume, do mesmo século, nos deixaram sua herança com uma dosagem maior ou menor de empirismo, na qual as explicações do real são feitas pela experiência. Locke é considerado o primeiro maior filósofo empirista; para ele "todas as nossas ideias derivam quer da sensação, fonte da experiência externa, quer da reflexão, fonte da experiência interna"[4]. Há um conhecido axioma empirista "não há nada no intelecto, que não tenha estado primeiramente na sensibilidade"[5] que Leibniz criticou de forma mordaz "a não ser o próprio intelecto". Demonstrando uma menor importância às sensações para a compreensão acurada da realidade. Ele foi o filósofo do "otimismo relativo" e se preocupou em justificar parcialmente todas as doutrinas (ecletismo), de certa forma, foi um adepto do empirismo lógico. Hume criou o empirismo crítico para mostrar a ineficiência do princípio da causalidade. As suas análises, segundo Jerphagnon (1973) "Chegam somente a uma constatação da impossibilidade que nós encontramos de fundamentar com rigor a ideia da necessidade causal, nem sobre uma demonstração racional nem sobre uma intuição empírica"[6].

Os empiristas manifestam-se contrariamente as filosofias racionalistas, que tiveram em Descartes um dos seus mais fortes expoentes. Racionalismo que ele expressou com rigor no seu "ego cogito" – "penso, logo existo (...) sou um ser imperfeito, uma vez que duvido; não sou eterno, não conheço tudo. Entretanto, tenho em minha ideia um ser que é absolutamente perfeito, eterno e onipotente. Esta ideia não pode ser incutida em meu pensamento senão por Deus, que é o ser absolutamente perfeito"[7]. Fica claro, nessa passagem, que Descartes descobriu Deus pela razão e não pela fé e que os grandes feitos humanos na ciência, na literatura e nas artes são obras de Deus através dos homens, o que explica o seu racionalismo arraigado.

O século XVIII deixa um legado vasto na filosofia iluminista que vai de Voltaire e Montesquieu a Wolff e Lambert passando por Hume, D'Alembert ou Diderot, entre outros. Eles se destacam na arte e na forma de conduzir os debates e as ideias dos filósofos muito mais do que nos ensinamentos dos grandes mestres do chamado "Século das Luzes". O ideário iluminista, que corresponde a um racionalismo otimista – querer libertar todos os espíritos do obscurantismo – visava a difusão do pensamento dos seus representantes mais "em sua eficácia imediata do que em sua gênese teórico abstrata" (Cassier – 1992) e buscava a afirmação apaixonada da autonomia da razão. Kant, sem ser propriamente um iluminista, é tido como o maior nome da filosofia do século XVIII. É considerado um revolucionário da metafísica transcendental, na qual o conhecimento do objeto é a sua mais forte exaltação e não o objeto do conhecimento, ele visa buscar a verdade metafísica racionalista. Esta é a teoria do método em que o sujeito não é o homem cotidiano e sim a ciência, com isso, ele criticava a razão pura. Kant concebe, uma divisão do trabalho entre as "faculdades da alma". "Intelecto: a faculdade de conhecer o universal (as regras; juízo: a faculdade de subordinar (subsumir) o particular ao universal; razão: faculdade de determinar o particular através do universal (dedução de princípios)"[8].

Para Kant "o juízo não é a razão prática; a razão prática raciocina e diz o que deve e o que não deve fazer, estabelece a lei e é idêntica a vontade e a vontade profere comandos, ela fala por meio de imperativos. O juízo, ao contrário, provém de um prazer meramente contemplativo ou satisfação inativa"[9]. Estas são breves manifestações diferentes da interpretação kantiana sobre a razão e o juízo. A história humana em Kant, confunde-se com a história da natureza ou é parte dela, "é a história da espécie humana na medida em que pertence a história dos animais da terra"[10]. A importância, para ele, está na natureza, em estudá-la, contemplá-la, compreendê-la. Parece ter sido esta a sua grande preocupação ao longo de sua existência. Sobre o indivíduo ele afirmou que "seu tempo de vida é muito curto para o desenvolvimento de todas as qualidades e possibilidades humanas"[11]. Quer dizer, diante do conhecimento, o indivíduo tem muito pouco tempo, ele vive na busca do saber. A incansável procura dos sujeitos sociais em conhecer, confunde-se com sua investigação sobre a auto existência, no plano da arte, da Ciência e da Filosofia.

Kant dividiu as ciências em dois ramos, as cognitivas e as empíricas e a Geografia foi colocada nesse segundo grupo. A Geografia de então, era feita pelo que os sentidos, a visão principalmente, passava ao estudioso da matéria e continuou assim! O legado empirista kantiano unido a herança cartesiana vem, através dos séculos, deixando a Geografia fora da perspectiva de movimento que caracteriza qualquer objeto estudado no campo das ciências, em particular das Ciências Sociais. Faz ela permanecer na imobilidade dos lugares, paisagens, espaços, territórios, como se eles tivessem só uma apresentação e o seu conteúdo vai ser desvendado por profissionais de outros ramos da ciência. Quem tenta trabalhar as noções geográficas embutidas na conotação de movimento é tido pelos conservadores como um não geógrafo.

O século XIX tem em Hegel, Comte e Marx os seus mais ilustres representantes. O primeiro revolucionou o pensamento filosófico com a sua dialética – um método de alcance crítico. Ele exalta o trabalho como o veio da liberdade humana, mas comete o equívoco de analisar a história do homem, sob o prisma do trabalho, de forma abstrata, através do movimento contraditório das consciências dominadora e servil na "dialética do senhor e do servo". Estas ideias estão expressas, em parte do capítulo da Autoconsciência que contém o ápice da lógica do seu método em "A Fenomenologia do Espírito". Pode-se interpretar dessa sua obra, que o trabalho que liberta o homem é o trabalho do espírito, o trabalho subjetivo que se objetiva por reflexo. Hegel tem o mérito, dentre tantos, de discutir com uma propriedade inédita, no seu tempo, a questão do direito, do Estado e da Sociedade, abrindo as portas para uma das críticas de Marx a respeito, em "Crítica à Lógica do Direito de Hegel" (1883) nos "Manuscritos Econômicos e Filosóficos de 1844" (Terceiro Manuscrito).

O deísmo que dominava a filosofia de então, também contamina a obra de Hegel. Ele diz "A história universal constitui o devir real do espírito sob o espetáculo mutável das suas histórias, eis a verdadeira teodiceia, a justificação de Deus na história. Só essa luz pode conciliar o espírito com a história universal e com a realidade (...) a saber o que acontece e todos os dias acontece não só está fora de Deus mas é essencialmente a sua própria obra"[12]. Esse deísmo de Hegel faz Marx afirmar que ele viu o homem em Deus.

Marx cria o Materialismo Histórico eDialético, quando aprofunda a lógica dialética idealista hegeliana, na medida em que, a conduz para as relações efetivas da sociedade. A teoria da alienação que ele extrai de Feuerbach (alienação religiosa) e de Hegel (alienação espiritual) é concebida por ele concretamente nas relações de produção, onde o estranhamento de quem produz sobre o que é produzido torna-se a sua essência. Isto é, o momento central da alienação é a reificação, o estranhamento. Marx revoluciona o conceito de história, que nele, nada mais é do que a materialidade da vida dos homens divididos em classes por determinações econômicas, o que é sintetizado no que ele chama de "Modos de Produção". A materialidade dialética da consciência produtiva revolucionária em Marx, constitui um dos seus mais fortes princípios políticos. No entanto, é na forma contraditória de se pensar o mundo, a sociedade, a vida, a estética, a política que está a sua maior contribuição para a sociedade. O método dialético de Marx não é apenas um método científico, mas uma transformação na forma de se pensar a si mesmo e o outro: de posicionar-se politicamente num universo de opressão, que é a sociedade em que vivemos.

Com Augusto Comte nasce a "teoria positiva do progresso social" que ele denomina de "dinâmica", regida por um espírito industrial e científico. Ele é um continuador da física social e cria a estática ou teoria positiva da ordem, na qual as classes sociais não passam de meros tecidos sociais. Estabelece a "lei dos três estados" para periodizar a evolução intelectual do homem, sendo o último, o estado definitivo do desenvolvimento da humanidade. Para Comte só o positivismo *"poderá doravante preservar o ocidente de toda a grave tentativa comunista"*[13]. O positivismo se constitui na antítese do materialismo dialético em sua forma de encarar a sociedade e como método de abordagem dos fatos sociais.

Nietzsche, apesar de ter sido um dos expoentes da filosofia no final do século XIX não foi considerado, na sua época, como um filósofo. Ainda hoje há restrições, a respeito, por parte de alguns pensadores. Eles só o consideram um livre pensador, um estudioso crítico dos valores morais da sociedade, principalmente da moral cristã, mas não concordam que Nietzsche tenha marcado uma linha filosófica; dele ser responsável por uma tendência da filosofia desse século. No entanto, Nietzsche faz escola. Os seus princípios ou teorias de "O eterno retorno" que desemboca na originalidade de sua "genealogia"; "o niilismo", a "vontade de potência"; "o novo homem", influenciaram grandes filósofos da atualidade como Foucault e Guattari, por exemplo.

Essas filosofias (com exceção do materialismo dialético e da filosofia nietzschiana), rapidamente aqui abordadas vêm oferecendo substrato epistemológico às diversas teorias e aos métodos de investigação no campo das ciências sociais no decorrer desse século: métodos racionalistas, empiristas, indutivos, dedutivos. Todos ligados a uma lógica formal, responsável, também, pelas diversas manifestações de funcionalismo, de Spencer e Parsom, passando por Locke e Hume e de modelos sistêmicos, em que tudo acontece na sociedade segundo as leis naturais e orgânicas do tecido social, numa linearidade que só obedece aos princípios de começo, meio e fim. Só os funcionalismos estruturalistas e culturalistas atendem a um maior rigor conceitual.

Os métodos fenomenológicos muito em voga, a partir principalmente dos anos 40, também têm lugar dentro de uma filosofia tradicionalista que nada inova e convida à análise dos fenômenos neles mesmos por meio dos sentidos. Husserl, um dos maiores nomes da fenomenologia, ainda no século XIX, tentou não só fazer uma filosofia fenomenológica, mas, sobretudo, quis fundar filosoficamente as ciências, propósito ousado, em que não obteve êxito. Ele criticou rigorosamente o psicologismo e o historicismo nas ciências, isto é, uma certa tendência de se querer explicar o pensamento por instâncias afetivas ou históricas. Ele se dizia um racionalista. "A descrição fenomenológica não é uma descrição das sensações, não nos convida a experimentar estados afetivos, mas a captar significações inteligíveis. O fenômeno não remete para uma inacessível coisa em si, mas para outro fenômeno" (Jerphagnon: 1973).

Os estudos husserlianos foram fontes de vários trabalhos de psicologia fenomenológica, em Heidegger, por exemplo, e nos existencialistas franceses em que Sartre é um dos nomes mais representativos.

O existencialismo, que teve em Kierkgaard (Século XIX), um dos seus predecessores estava preso ao espírito religioso "existir é escolher, ser apaixonado, tornar-se, ser isolado e ser subjetivo, ser uma preocupação infinita de si saber-se pecador, estar perante Deus"[14]. Ele exaltou a relação entre a angústia e a metafísica, a primeira era reveladora da Segunda. O seu sofrimento o deleita e a sua filosofia é um aprimoramento desse sofrimento. Bem antes de Kierkgaard, Pascal (Século XVIII) mostrava além da angústia, como sentimento de liberdade, a importância de sentimentos como o tédio e a preocupação. Heidegger (Século XX), segue na mesma linha admitindo uma hierarquia de tédios e que "os mais profundos são os que mais revelam a natureza temporal do homem". Segundo ele, a angústia revela o nada, mas o nada, apresenta-se simultaneamente com o ser, a existência. Sartre considera que a angústia mostra a própria essência do homem, que é a liberdade, e a náusea expõe a existência na "sua contingência, no seu caráter de estar a mais"[15] e Jaspers vê no fracasso um dos pressupostos do existencialismo.

Há um "que" de masoquismo e pessimismo em alguns pensamentos existencialistas aqui tratados; o que os une no entanto, é a demonstração de seus envolvimentos com determinações da emoção e das sensações; a angústia para eles tem um alcance metafísico. Por outro lado, o existencialismo sartriano caminha também noutras direções. Ele diz que a existência é acima de tudo "ser nos meus atos e pelos meus atos"... por conseguinte, só há existência livre"[16]. O homem, o "para-si é livre e tal liberdade não tem limites. Por isso é totalmente responsável" Sartre é fenomenológico pela presença da coisa, pelo "para-si"; "o fenômeno aparece e é". Ele não supõe que o fenômeno remete para uma inacessível "coisa em-si", não é hegeliano mas husserliano. Ao mesmo tempo ele trata a liberdade, enquanto instância maior do homem, como se ele fosse capaz de fazer uso dela como lhe conviesse. Sartre não levou em conta as pressões externas da sociedade que limitam o homem no seu agir. Dá a impressão de haver rompido com a ideologia imposta, de ter criado sua própria ideologia.

Fica a pergunta: seria isso possível? Na visão sartriana do mundo, a liberdade transcende a história no seu cerne, daí Sartre tratar a dialética como lógica viva da ação humana. Esse exagero de sentimentos libertários no existencialismo sartriano só é concebível no devir da história. O que nós temos de liberdade ou fazemos com liberdade no nosso dia a dia? Não vivemos subordinados a um ideário coletivo que contamina o nosso querer e o nosso agir? Ele já está tão sedimentado pela secular realização diária, que faz parte da nossa cultura, que torna-se natural. Agimos naturalmente com liberdade, porque não estamos o tempo inteiro ouvindo vozes nos dizendo como proceder. Só que, essas vozes vêm falando ao nosso inconsciente desde que abrimos os olhos para o mundo, ou antes ainda, quem sabe, na nossa vida uterina.

Para os existencialistas a afetividade explica mais os fatos do que a razão, só que nem todos os existencialistas foram afetivos. De acordo com Jerphagnon (1973) o universo existencialista comporta o aspecto religioso (Kierkgaard), a afetividade (Pascal, Heidegger, Sartre e outros), o metafísico (Jaspers, Sartre – o homem existe primeiramente (...), e só depois se define), o dialético e metafísico (Sartre, Raymond Rolin, Kierkgaard – dialética sentimental), o fenomenológico (Heidegger e os existencialistas franceses) e o político (Sartre, Max Scheler, Simone de Beauvoir). Na obra de Sartre "Questões de Método" (crítica a razão dialética, 1960) ele diz que o "Marxismo permanece a filosofia do nosso tempo"[17], mas o censura por rejeitar o "acaso", – "as determinações concretas da vida humana" e diz que é tarefa do marxismo, "reconquistar o homem" no seu interior.

Apesar de ter nascido da fenomenologia husserliana, ter passado pela dialética de Marx, Jerphagnon afirma que o método do existencialismo é o heurístico, visa a descoberta. Essa afirmação tem lugar na oposição que os existencialistas fazem aos historiadores marxistas, que, segundo eles, já sabem o que vão encontrar na história. Há aí um forte equívoco. A dialética marxista se propõe a estudar a realidade tal qual ela é, nas suas relações mais profundas, ela não preconiza nenhum acontecimento. Como qualquer método social, a dialética assinala, com muito mais propriedade, as tendências da sociedade. O que importa na dialética materialista é a efetividade e a objetividade das relações; nelas o sujeito se constitui no objeto e vice-versa. Parece que há entre alguns existencialistas, um desvio de interpretação, já que, eles são quem se propõem, como é o caso de Sartre, *"a estudar a dialética como lógica viva da ação humana"*. Ora isso nada mais é do que a razão dialética da existência, os contrários contidos no agir em sociedade. Mas Sartre mostra um caminho novo a ser percorrido pelo marxismo quando afirma sobre a importância dele se ocupar também da interioridade humana e não de sua relação externa[18]. O existencialismo afetivo e político de Sartre é uma filosofia que contagiou estudiosos das ciências sociais, não só na França, e o Brasil não ficou de fora, principalmente pelo seu primado de liberdade.

O método dialético é muito mais abrangente do que qualquer outro, por ocupar-se de opostos, do que não aparece; de procurar a realidade "invisível", mas concreta; enfim, por relacionar o que a racionalidade "pura" não permite: o absoluto com o relativo, o falso com o verdadeiro, o concreto com a ideia, o objetivo com o subjetivo, a forma com o conteúdo, a aparência com a essência, o fenômeno com o ser e por articular o formalismo linear com a substância contraditória. O materialismo histórico e dialético, no entanto, por estar centrado principalmente no econômico, tornou-se em alguns dos seguidores de Marx muito mecanicista. É bom lembrar que Marx buscou o econômico para compreender a história do homem (não o econômico pelo econômico); por isso ele não alcançou a história estudando a trajetória tradicional da humanidade como o historicismo convencional faz e sim por meio da teoria do valor-trabalho, isto é, pelo econômico, o que o leva a descobrir a realidade das relações sociais que são para ele as relações de produção. E é a história do conflito e das contradições dessas relações, a sua superação e um novo constituir-se, que ele chamou de Ciência da História, a qual por conter no seu bojo a opressão e a exploração, isto é, a não liberdade humana ele considerou pré-história da humanidade. A história só seria atingida pelo salto dialético, num confronto revolucionário quando então o fazer-se da liberdade humana seria o eixo da história.

Os estudiosos, que vêm se apoiando nos princípios marxianos e que utilizam a dialética como método nas suas investigações sobre a realidade social, têm na estrutura econômica da sociedade o centro de suas abordagens. Constatamos, pela mediação da mercadoria, a inversão do mundo das coisas no mundo das humanidades e vice-versa. Mecanicamente nos preocupamos com a vida dos homens, no que diz respeito a sua reprodução social-física, que nada mais são que as suas necessidades primárias – comer, vestir, dormir, abriga-se; procuramos mostrar o que o homem faz para isso, a repetição diária do trabalhador-máquina no cômputo ganancioso do lucro, da máquina capitalista. Denunciamos essas vidas e ficamos nisso. Nos propomos exacerbadamente a desvendar as nuances da opressão das classes dominadas, manifestas nas relações de troca desigual, com as classes dominantes e nos diversos tipos de carência social e deixamos de lado, os contrários que residem na vida individual dos homens, de uma e de outra classe e que também fazem parte de sua reprodução como gente. Daí nunca discutirmos a humanidade "interna" dos indivíduos, o que nos conduz a considerar o coletivo dos homens: vemos no oprimido a vítima virtuosa e no opressor o vilão maldito.

Noutras palavras, melancolicamente analisamos as relações sociais de produção dentro de uma totalidade concreta imediata, escolhida como nosso objeto de estudo, com os supostos que temos em mente, de acordo com o nosso campo de conhecimento, e sempre constatamos a terrível injustiça social que ameaça a vida no seu devir. Fazemos uma grita enorme sobre essa situação, mas nossas denúncias sobre a exorbitância das desigualdades contidas no miolo da exploração econômica terminam por calarem-se nelas mesmas. Vamos nos tornando "cismos" demais. Fazemos economicismo, historicismo, sociologicismo, geograficismo, e por aí vai. Fazemos cientificismo e não ciência, cientificismos sociais e não ciências sociais.

Será que não é hora de, sem fazermos psicologismo (buscarmos a explicação dos fatos sociais; no mundo afetivo dos homens) considerarmos também as dores e as paixões da emoção humana; os desejos, os sonhos e a solidariedade dos homens, bem como o seu reverso? As alegrias e os rancores, a vingança, suas ambições e egoísmos, nos nossos estudos sobre reprodução das relações sociais? Não deveríamos procurar humanizarmos as nossas pesquisas? Afinal, quando trabalhamos nas nossas obrigações diárias ou em qualquer agir do nosso cotidiano, não estamos despojados do que se passa no nosso universo interno. Não colocamos nossas emoções, sentimentos e sensações em envelopes e os guardamos em alguma "gaveta do espírito". Eles estão presentes. São energias que se desprendem, nos nossos afazeres, juntas com as nossas energias físicas.

Se o resultado de qualquer atividade nossa, intelectual ou física, contém fração da nossa vida, ele tem muito mais do que trabalho mecânico ou energia mecânica, a energia da emoção está junta, porque na vida há de se considerar, a um só tempo, a instância física da matéria e a instância concreta da emoção e dos sentidos. É hora, então de enxergarmos a individualidade humana, não só nas suas necessidades primárias sociais, como também no seu avesso: o que o homem faz para se autoafirmar, para encobrir sua pobreza íntima.

Esses aspectos vêm sendo soterrados pelas nossas preocupações precípuas no homem genérico trabalhador, que sofre de um lado pelos açoites disfarçados, mas diretos, de um patrão com quem lida diariamente, quer ele seja proprietário de uma média ou pequena empresa ou negócio, ou pelos representantes dos grandes empreendimentos; e do outro lado, pela lixiviação mental patrocinada pelo grande patrão – o Estado – que lhe nega o direito de conhecer o porque de sua vida de muita "faltas", lhe expropriando dos seus próprios pensamentos (O que o homem pensa não é em grande parte dirigido?), dominando suas ideias (quando brota em nós uma nova ideia, será que é nossa mesma?), fatos subjacentes a uma alienação da realidade que provêm dos recursos legais do Estado, da sua ideologia. Tais recursos são difundidos de inúmeras maneiras, pelos diversos veículos de comunicação e são os reais responsáveis por uma prática social de acomodação, por uma passividade que só é quebrada por movimentos reivindicatórios imediatistas, ou pela vibração, no futebol ou em outros acontecimentos sociais festivos.

A televisão, por meio das telenovelas, dos programas de auditório, dos filmes, dos telejornais, têm uma grande função no cumprimento dos "deveres do Estado". Sua opressão é velada; o seu discurso e sua ação estão aparentemente voltados para toda a sociedade, mas com os instrumentos de que dispõe manipula e maltrata os que mais acreditam nele, os que constituem a massa. Nela também estão os milhões de "autônomos" e "semiautônomos", que vêm crescendo, numericamente, de forma expressiva nesse último quartel de século, por vezes mais sem chão e sem identificação, do que aqueles que têm diante de si um patrão. Eles só têm tempo de lutar de alguma maneira para garantirem uma "subvivência" de qualquer jeito. Animalizam-se na procura de satisfazerem suas necessidades mais prementes que são aquelas de qualquer outro animal: comer, beber e abrigar-se para sentirem-se protegidos dos inimigos que estão a sua volta, nesse tabuleiro de peças disformes em que se transformou parte da sociedade: gangues de tráfico de drogas, setores da polícia civil e militar, as milícias particulares e, as crianças da miséria, que nascem, vivem e são mortas nas ruas. Estes são os desocupados que o Estado gerou, os quais querem sucesso rápido e com muito dinheiro no bolso porque seu pai – o Estado "sem querer" lhes ensinou. É esta a ampliação chocante desse "universo enfeitiçado" desse "mundo sem pé nem cabeça" e insistimos em continuarmos utilizando os mesmos métodos de análise social, que não nos leva, sequer, a uma interpretação mais profunda dessa complexidade maior. Cada vez mais se expandem o "bem" e o "mal": de um lado os virtuosos, que com sua moral religiosa, procuram ser bons, para como prêmio serem bem sucedidos, o que lhes dá a sensação de possuírem liberdade de ação; do outro lado, o mal que merece ser castigado para não perturbar a ordem. Daí a "natural" eliminação de pessoas e a morte tornar-se uma coisa comum.

Por tudo isso, sinteticamente colocado aqui, não faz-se premente procurarmos o "detalhe" no homem, em sua relação com o outro? Considerarmos as suas mesquinharias no agir com o outro indivíduo, tão oprimido socialmente, quanto ele, com quem concorre para ganhar mais espaço na sociedade? Ao mesmo tempo, ele pode ter instantes de extraordinária beleza consigo mesmo e com diferentes pessoas nos seus sonhos e aspirações; num querer, que, contraditoriamente, pode vir de algum lugar do seu íntimo, contido numa dimensão conhecida, que lhe seja possível, é claro, – já que é complicado querer o desconhecido – e procurar realizar alguma fantasia de liberdade ao lado das pressões de uma realidade que lhe deixa cada dia mais mutilado no seu ser, sem que ele se dê conta? Ele só sabe dizer que "a vida é muito dura" e omite que, para suportá-la, imagina outras situações. É preciso investigá-las. Dessa forma estaríamos fazendo uma incursão no "lado oculto" do homem, para entendê-lo melhor socialmente e procuraríamos descobrir onde localizam-se possíveis mudanças. A experiência mostra, que na relação externa, o homem vem se repetindo desde o início da civilização, como diz Nietzsche, em seu pensamento sobre o "Eterno-Retorno", frisando: "pensemos esse pensamento na sua forma mais terrível".

Em A Genealogia da Moral, Nietzsche mostra o que o homem é em termos de instinto e consciência e pode-se depreender de sua digressão, que a "má-consciência" é a própria civilização, que nada mais é do que um primitivismo com novas vestes. "é verdade que repugna a delicadeza, ou antes a hipocrisia dos animais domesticados (leia-se os homens modernos; leia-se: nós próprios) o representar-se vivamente até que ponto a crueldade era o gozo favorito da humanidade primitiva e entrava como ingrediente em quase todos os seus prazeres: ex.: Ver sofre alegra; fazer sofre alegra mais ainda; há nisto uma antiga verdade humana, demasiado humana (...) Sem crueldade não há gozo eis o que nos ensina a mais antiga e remota história do homem; o castigo é uma festa (...) a minha hipótese acerca da origem da "má-consciência" uma expressão provisória, a qual, para ser compreendida necessita ser meditada e resumida. A má consciência é para mim "**o estado mórbido em que devia ter caído o homem quando sofreu a transformação mais radical, que nunca houve,** a que nele se produziu quando se viu acorrentado a argola da sociedade e da paz." (p.35, 36, 50). (grifo nosso)

Nietzsche refere-se, no texto citado acima, a passagem do primitivismo à civilização, quando não houve transformação; o homem continuou tão cruel quanto na pré-civilização, em que ele mostrava o seu instinto por inteiro. A filosofia nietzschiana nos deixa paralisados, de chofre; é como se nada tivéssemos que fazer, mas ele mesmo nos dá o impulso quando afirma "Meu pensamento diz: viver de tal modo que tenhas de desejar viver outra vez, é a tarefa – pois assim será em **todo caso!** Quem encontra no esforço o mais alto sentimento, que se esforce. Quem encontra no repouso o mais alto sentimento, que repouse, quem encontra em subordinar-se, seguir, obedecer, o mais alto sentimento, que obedeça. **Mas que tome consciência do que é** que lhe dá o mais alto sentimento e não receie nenhum meio! **Isso vale a eternidade**"[19]. (grifo nosso)

Nessa expressão, o autor aponta para a importância de que, cada um de nós, sejamos nós mesmos; que não tenhamos uma consciência subordinada ou um pensamento escravizado; que não sejamos cópias estereotipadas de modelos convencionalmente e convenientemente colocados, imaginando que somos nós mesmos para vivermos a "vontade de poder". Ele diz sobre esse assunto "esse meu mundo dionisíaco do eternamente criar-se-a-si-próprio, de eternamente destruir-se-a-si-próprio, esse mundo secreto da dupla volúpia, esse meu "para além do bem e do mal" sem alvo, se na felicidade do círculo não está em um alvo sem vontade, se um anel não tem boa vontade consigo mesmo, – quereis um nome para esse mundo? Uma solução para todos os seus enigmas? Uma luz também para vós? Vós os mais escondidos, os mais fortes, os mais intrépidos, os mais da meia noite? – **Esse mundo é a vontade de potência e nada além disso**! E também vós próprios sois essa vontade de potência e nada além disso[20]. (grifo do autor)

Essa caracterização nietzschiana dos homens e da sociedade (o "mundo" dos homens), de certa forma despe a virtude humana, mostra a moral do homem nas suas entranhas, desnuda a realidade de uma ação individual e política aparentemente recheada de altruísmo e solidariedade. Se refletirmos muito a respeito, quem sabe, aprenderemos um dia a sermos mais mestres, mais pesquisadores e a fazermos mais política. O "anel" do mundo de que ele trata, no princípio de "o eterno retorno" é como se fosse um anel que não se fecha, mas que se abre em espiral. Há uma dialética na repetição sem repetição desse princípio. Ele diz "É sabeis sequer o que é para mim o mundo. Devo mostrá-lo a vós em meu espelho? Este mundo: uma monstruosidade de força, sem início, sem fim, uma firme brônzea grandeza de força, que não se torna maior nem menor, que não se consome, mas apenas se transmuta, inalteravelmente grande em sendo de uma economia sem despesas e perdas, mas também sem acréscimo ou rendimentos, cercada de "nada" como de seu limite, nada de evanescente de desperdiçado, nada de infinitamente extenso mas como força determinada posta em um determinado espaço, e não em um espaço que em alguma parte estivesse "vazio", mas antes como força por toda a parte, como jogo de forças e ondas de forças, ao mesmo tempo uno e múltiplo, aqui acumulando-se e ao mesmo tempo ali minguando, eternamente recorrentes, com descomunais anos de retorno como uma vazante e enchente de suas configurações, partindo das mais simples às mais múltiplas, do mais quieto, mais rígido, mais frio, ao mais ardente, mais selvagem, mais contraditório consigo mesmo, e depois voltando da plenitude ao simples, do jogo de contradições da volta ao prazer da consonância, afirmando ainda a si próprio, nessa igualdade de suas trilhas abençoando a si próprio. Como aquilo que eternamente tem de retornar, como um vir a ser que não conhece nenhuma saciedade nenhum fastio, nenhum cansaço"[21].

Esta filosofia niilista contém na sua essência, não um pessimismo sobre a realidade, mas a sua verdade perversa e para Nietzsche era fundamental traçá-la com a função de dar marteladas na cabeça dos filósofos, para que eles repensassem a vida. Há uma comprovação do não pessimismo nietzschiano no que ele mesmo denominou ser sua filosofia, onde ironiza o pessimismo e faz antever um outro homem, uma outra forma de vida humana. "Minha filosofia traz o pensamento vitorioso com o qual toda outra maneira de pensar acabará por sucumbir. É o grande pensamento **aprimorador**. As raças que não o suportam estão condenadas; as que se sentem como o maior dos benefícios estão voltadas a dominação (...) uma maneira de pensar o ensinamento pessimista, um niilismo de êxtase pode em certas circunstâncias ser indispensáveis para os filósofos: como uma poderá ser pressão e martelo, com que ele esfacela raças degenerantes e moribundas, as tiras do caminho para abrir alas para uma nova ordenação da vida ou para inspirar o que é degenerado e quer morrer o desejo do fim'"[22]. Para ele "Filosofia *como* até agora a entendi e vivi é a voluntária procura também dos lados execrados e infames da existência"[23]. Essa dialética do indivíduo que Nietzsche soube tão bem abordar se constitui como uma nova ferramenta para as nossas investigações, por ser o mais profundo estudo do psiquismo humano escrito por um filósofo. Ela imprime uma completitude à dialética da sociedade estudada por Marx e por isso aprofunda seu método.

Na passagem da pg. 395, transcrita acima, há para alguns estudiosos das Ciências Sociais uma interpretação, a meu ver, esdrúxula do pensamento de Nietzsche, como um exaltador de uma super raça, o que o caracterizaria como um dos precursores do nazismo. Argumento injusto, por isso descabido. O que o filósofo de "O eterno retorno" se refere é a uma vitória do mundo dos homens, que significa o extermínio das vicissitudes, das perseguições e opressões; da pobreza interna do homem que só poderá acontecer pelo autoconhecimento. Conhecendo-se o homem pode autotrabalhar seus instintos e ir transformando-os, lançando mão de seu potencial estético, priorizando-o nele mesmo. O ato de criar beleza brotada do seu recôndito desconhecido, faz o homem ser gente pela sua capacidade única como indivíduo, de se autorrecriar pela arte. Aí está, quem sabe, o seu fazer-se livre. A liberdade interna do homem, pela arte, pela criação, o conduzirá a um novo agir em sociedade. Sua vontade de poder dominar, esmagar, ser maior, oprimir, será substituída pela vontade de poder ser alegre, ser feliz, enfim "ser" de fato solidário. O seu egoísmo "nato", iria se extirpando. Ele poderia voltar-se para um outro como um igual. A luta política desenvolver-se-ia, realmente, sobre o alicerce do bem comum, em busca da justiça social, num fazer-se de liberdade que não conheceria qualquer intermediação. Ela se mediaria nela mesma, negando-se enquanto estágio, num percurso, afirmando-se com mais liberdade num outro ciclo e assim seria a caminhada do "novo homem". Este, é aquele que descobre suas iniquidades e passa a querer esgotá-las, não pelo artifício da fé religiosa, mas pela vontade de descobri-las, cada vez mais amiúde[24].

Nietzsche, ao invés de falar em luta de classes que ele rejeita, pelas implicações políticas que esse princípio contém, em razão dos seus proclamadores lutarem por justiça social, superação de classes, igualdade entre os homens, ele fala em raça. Na sua opinião numa sociedade constituída por homens tão imperfeitos, ambiciosos e egoístas não é cabível fazer-se promessas, falar-se em igualdade e proclamar-se justiça. Eis sua ideia de justiça e igualdade que vigora no mundo. "O olhar acostumou-se a essa perspectiva e com a teimosia própria do cérebro do homem primitivo que segue desapiedadamente a direção tomada, depressa se chega a essa grande máxima: tudo tem seu preço, tudo pode ser pago. Este foi o Cânon moral da justiça, o mais antigo e mais ingênuo, o começo de toda a "vontade" de toda a "equidade", de toda a "boa vontade", de toda a "objetividade". Sobre a terra. A justiça nesse primeiro grau de sua evolução é a boa vontade entre pessoas de poder igual, bons desejos de entenderem mutuamente por meio de um compromisso quando as pessoas de classes inferiores obrigavam-nos a aceitar o compromisso. A justiça, pois, que começou a dizer: "tudo pode ser pago e deve ser pago", é a mesma que por fim, fecha os olhos, e não cobra as suas dívidas e se "destrói a si mesma" como todas as coisas boas deste mundo"[25].

Sobre a origem da justiça no ressentimento ele ironiza "E como o semelhante nasce do semelhante, não é de maravilhar, que precisamente nesse terreno se hajam feitos tentativas e não pela primeira vez para santificar a "vingança" sob o nome de "justiça" como se a justiça fosse mais do que uma transformação do ressentimento (...) É notável que precisamente do espírito de ressentimento haja saído esse novo motivo de equidade científica em proveito do ódio, da inveja, do despeito, da desconfiança, do rancor, da vingança"[26]. Nietzsche faz cair a máscara da bondade humana na justiça e mostra a sua equivalência com os sentimentos mais mesquinhos que existem no homem. Quando ele atribui na passagem da página 395 (citado acima) a vitória de uma raça humana sobre outras, está implícito o seu não pessimismo perante a vida. E mais, é imprescindível saber ler Nietzsche, como ele mesmo sugere, esquecendo-o. Na nossa interpretação ele se atemorizava perante a perspectiva de construir um corpo dogmático. Ele foi ele! Cada um deve descobrir-se e desnudar-se. De certa forma, o filósofo faz um convite, nesse sentido, na transcrição que fizemos da página 16 de "Genealogia da Moral".

Um outro aspecto para o qual necessitamos estar atentos na sua leitura é que suas construções filosóficas têm um veio poético. O "novo homem" pode está numa nova raça ou não. Pode já ter existido em vários pontos do mundo, ter desaparecido, estar por aí em construção. Se multiplicar na sociedade de agora. Não seria o "novo homem" o "espírito livre" que o autor tanto exalta? Esses espíritos livres não deixam seu nome na história pelos seus feitos sociais, intelectuais, científicos, revolucionários? Não seriam os "espíritos livres" aqueles que lutam para não se manterem dentro da "argola da sociedade e da paz", como Nietzsche mesmo se refere? Ou não seriam todos os que teimam em não permanecer disciplinados nos retângulos, ou quadrados, ou gaiolas, em que a sociedade os colocam? Enfim, o "novo homem" já existiu, existe, tem que existir em muito maior número para que haja uma verdadeira transformação na sociedade. E essa transformação depende, sem dúvida, de uma revolução endógena do indivíduo. Sem ela as revoluções sociais esvaem-se nelas mesmas.

A vitória deverá estar voltada ao crepúsculo da "vontade de potência", do "niilismo" do "eterno retorno" princípios em que Nietzsche disseca as misérias morais do indivíduo. Para o homem existir de forma total é necessário que ele destrua nele mesmo toda a "má consciência". Hoje todos nós queremos mandar! De acordo com o pensamento nietzschiano, os oprimidos de hoje, se deixarem de sê-lo, por alguma razão externa, querem oprimir amanhã. Com sua filosofia Nietzsche quer acordar não só os filósofos mas os homens em geral, para que tomem consciência de sua deformação, presa a moral social que nada mais é do que a moral religiosa em geral, mas ele se refere principalmente a moral cristã que domina o mundo ocidental. Quando cada homem despertar, nele mesmo, e for procurando escapar de todas as formas de alienação religiosa, moral, material, estará em construção um novo homem e será possível alcançar-se uma sociedade de direitos e igualdade comuns a todos. O que Nietzsche faz com cada um de nós, hoje, é mostrar o nosso interior infame e dizer que reside em nós mesmos a sua superação.

Se tomarmos o referencial nietzschiano do indivíduo associado ao referencial do homem social de Marx estaremos, quem sabe, ampliando o objetivo do materialismo dialético, e poderíamos fazer uma outra interpretação do espaço social, que é o espaço geográfico: não só levando em conta as relações econômico-sociais, mas incluindo também as relações entre os espaços minúsculos e obscuros do indivíduo. Dessa feita, ao invés de admitirmos a ineficácia da dialética enquanto método de análise da sociedade, como apregoam alguns estudiosos pesquisadores e ficarmos em outros métodos, que não só mascaram os resultados de uma investigação, como mostram uma deficiência, em busca dos conteúdos mais autênticos da realidade pesquisada, aprofundaríamos a dialética, que vem revolucionando não só a pesquisa científica, como a nossa autoinvestigação e a nossa ação e pensamento perante o que nos cerca.

Em síntese, o materialismo dialético é o método que mais nos aproxima da realidade, mas até agora nos leva só a considerar o homem social deixando de lado a sua dimensão mais interior o "eu" indivíduo. Se percorrermos um outro caminho e colocarmos os aspectos do mundo invisível do indivíduo não significa estarmos fugindo da materialidade dos fatos, ao contrário, estamos procurando enriquecê-los, com argumentos filosóficos que fazem incursões, na psicologia humana. Aproximar Nietzsche, que trata dessa questão, com Hegel que criou a dialética do desejo e Marx que a ampliou na concretude social mais viva, torna-se não só um desafio para nós, mas um dever no acolhimento desse desafio. Nós, que temos a incumbência, com responsabilidades, eu creio, de formarmos mestres, doutores e pesquisadores em geral.

Talvez não seja antigo, nem jargão, lembrarmo-nos de que continuamos no mundo dos "cada vez mais submetidos" e que não podemos perder de vista as nossas ideias libertárias; de continuarmos buscando meios de realizá-las concretamente no devir e não só nos satisfazermos com os engodos de realizações fantasiosas que alcançamos aqui e ali. Levarmos alternativas de métodos de análise da sociedade para os nossos alunos faz-se premente; desvendarmos com mais propriedade as relações sociais precisam ser a nossa meta maior, para, mesmo de forma acadêmica, (se for possível fora dela também) oferecermos uma contribuição mais efetiva à sociedade. O nosso segmento pensante, na academia e fora dela está perdido e não sabe para que lado caminhar. É imperativo que cada um de nós busque outros caminhos para retomar o processo histórico transformador. Está muito distante de nós a pretensão de colocarmos aqui a chave para abrir o caminho; há somente, da nossa parte, um esforço em contribuir para aumentar, pelo menos um pouco, as ferramentas que dispomos para levar a efeito a nossa função de professores-orientadores na busca do conhecimento.

Nunca é demais reafirmamos que os referenciais empíricos, responsáveis até a década passada, pela orientação das nossas lutas políticas e dos nossos discursos em sala de aula, não só permanecem, como estão mais volumosos. A contrapartida teórica, que vínhamos ou vimos utilizando é que parece não mais se coadunar com os nossos dias e por isso exigem "novos ingredientes", cabe a nós colocá-los.

Lembremo-nos, também, do que nós somos nas nossas reuniões políticas; elas mais parecem uma maratona de egoísmos do que exercícios discursivos em conjunto, para alcançarmos práticas que visem o bem comum, o amanhã do oprimido. Nos agredimos uns aos outros (por vezes de forma "educada"), numa guerra mesquinha de demonstração de poder: da oratória, da répicla rápida convincente, de um maior conhecimento teórico, de estratégias mais imediatas e eficazes, etc., etc. e mesmo assim ainda alcançamos, por vezes, alguns resultados. Não queremos dizer com isso, que precisamos nos transformar em anjinhos – sairmos do confronto ferrenho uns com os outros para nos refugiarmos nos obséquios caridosos de algum deus e deixarmos que ele resolva por nós – mas afirmarmos que nos momentos em que buscamos formas de melhorar as vidas que formam um coletivo, damos demonstrações gritantes do "avesso" do nosso individualismo. Como nos comportarmos então? É tarefa de descoberta de cada um de nós. Faz-se oportuno colocarmos aqui a argumentação de Guattari sobre a necessidade da "revolução molecular" que deve-se dar nos nossos pequenos espaços e lembrarmos Foucault quando diz que o poder (não institucionalizado também) é uma prática social do cotidiano e relembramos Nietzsche ao afirmar que tudo na vida nada mais é do que "vontade de potência".

A individualidade humana em Marx é tratada, contraditoriamente, no nível das relações de produção, da alienação ativa. O indivíduo está no homem genérico universal – porque produz – historicamente separado dele mesmo, enquanto natureza, (já que ele é natureza nata), pelo trabalho assalariado. Isto é, o homem se aliena da natureza que compõe todo o seu corpo inorgânico: ele se autoaliena e está alienado diante do que faz, do que o rodeia e perante o outro. É como se o indivíduo se separasse do homem que trabalha, porque para a sociedade é só o trabalhador que interessa, o ser social. O conteúdo dessa alienação material é o estranhamento, posto como situação objetiva, já que é outro homem (poderoso) o poder estranho sobre o homem oprimido que só trabalha. Fato que leva o homem trabalhador a relacionar-se consigo mesmo de forma universal, "como homem livre universal: o indivíduo não existe para si, é escravo do homem livre universal. A vida genérica (produtiva) se converte em meio de vida individual"[27]. "A vida mesmo (o trabalho) aparece só como meio de vida (...) o homem, precisamente para ser um ser consciente faz de sua atividade vital de sua essência um simples meio para sua existência"[28].

No Terceiro Manuscrito Marx refere-se ao indivíduo que se exterioriza na vida coletiva. "O indivíduo é o **ser social**. A exteriorização de sua vida – ainda que não apareça na exteriorização imediata da vida coletiva cumprida em união e ao mesmo tempo com outros é pois uma exteriorização e confirmação da vida social. A vida individual e a vida genérica do homem não são distintas, por mais que necessariamente o modo de existência da vida individual seja um modo mais **particular** o mais **geral** da vida genérica ou quanto mais a vida genérica seja uma vida individual, mais particular, ou geral"[29]. (grifo do autor)

Fica claro que Marx não toma o indivíduo na sua individualidade psíquica, nos seus atributos íntimos. Ele não se propôs a estudar isso. Como sua preocupação foi com a exploração do homem na sociedade, (a alienação e a sua superação) ele vê o indivíduo nessa exploração, a do homem geral. No entanto, há passagens no Terceiro Manuscrito em que ele atenta para a sensibilidade do indivíduo, para sua instância subjetiva sem perder de vista a sua situação na sociedade, num instante de grande beleza literária "é primeiramente a música que desperta o sentido musical do homem; para o ouvido mais musical, a mais bela música não tem sentido algum, não é objeto, porque meu objeto só pode ser a confirmação de uma de minhas forças essenciais, isto é, só é para mim, na medida em que minha força essencial é para si como capacidade subjetiva, porque o sentido do objeto para mim (somente tem um sentido a ele correspondente) chega juntamente até onde chega **meu** sentido; por isso também os sentidos do homem social são distintos do não social. É somente graças a riqueza objetivamente desenvolvida da essência humana que a riqueza da sensibilidade humana subjetiva é em parte cultivada e em parte criada (grifo nosso), que o ouvido torna-se musical, que o olho percebe a beleza da forma, em resumo, que os sentidos tornam-se capazes de gozo humano tornam-se sentidos que se confirmam como forças essenciais humanas. Pois não só os cinco sentidos como também os chamados sentidos espirituais, os sentidos práticos (vontade, amor, etc.) em uma palavra o sentido humano, a humanidade dos sentidos constituem-se unicamente mediante o modo de existência do seu objeto, mediante a natureza humanizada. A formação dos cinco sentidos é um trabalho de toda a história universal até nossos dias. O **sentido** que é prisioneiro da grosseira necessidade prática tem apenas um sentido **limitado**. (grifo do autor). **Para o homem que morre de fome não existe a forma humana da comida** (grifo nosso), mas apenas seu modo de existência abstrata de comida; esta bem poderia apresentar-se na sua forma mais grosseira, e seria impossível dizer então em que se distingue esta atividade para alimentar-se da atividade animal para alimentar-se. O homem necessitado, carregado de preocupações, não tem senso para o mais belo espetáculo"[30].

Dois aspectos podem ser interpretados desse texto: que o gosto musical, o gosto pelas artes plásticas, e pelas artes cênicas, assim como o paladar do indivíduo correspondem ao ser social que ele é, é uma questão de classe! E que de um modo geral os sentidos humanos não têm um desenvolvimento pleno, sejam os cinco sentidos ou os sentidos práticos. Eles estão na clausura histórica do trabalho, forçado, da vida bestial, da satisfação animalesca de vida. Vida é amor recíproco, beleza, e o trabalhador pouco vive isso. Seus sentimentos e seus sentidos são partidos, incompletos, nuns, mais do que noutros. Marx diz "se amas sem despertar amor, se o teu amor enquanto amor não produz amor recíproco, se mediante tua condição de homem amante não te convertes em homem amado, teu amor é impotente, uma desgraça"[31].

Meu amor é desamor para quem me dá amor, ou o contrário, a minha beleza é vista por alguns olhos, minha voz é musical para certos ouvidos. Isso também são carências humanas individuais no social. Eu posso ficar inerte perante uma obra de arte que alcança a mais profunda sensibilidade em pessoas de classes mais elevadas. Eu posso comer caviar e rejeitar, enfim, há uma relação entre o "gosto" por isso ou aquilo e o lugar que se ocupa na sociedade. A individualidade assim apontada não é só do "eu" é também da classe. O outro aspecto que pode se depreender da citação acima é que a sociedade consome tanto o tempo do trabalhador, em trabalho, que o leva a exaustão e um corpo e uma mente cansados não têm sensibilidade para qualquer tipo de arte. E aquele que já ultrapassou os limites da resistência física sem se alimentar não tem sensibilidade para ouvir falar em comida quer animalescamente comida. Alguém pode argumentar que esses fatos são mais culturais do que sociais, mas a própria cultura pode está embutida na equivalência social do indivíduo, tanto que ele pode mudar de lugar na sociedade, porque tirou na loteria ou recebeu uma herança e as suas preferências estéticas, sonoras, alimentares, etc., deve ou podem mudar também.

Na dialética marxista encontram-se as sementes da dialética hegeliana no que elas têm de mais inovador e revolucionário: a interpenetração dos contrários, a passagem da quantidade para a qualidade, a superação.

Marx faz várias críticas a Hegel em "Os Manuscritos Econômicos e Filosóficos de 1844 no Terceiro Manuscrito, onde o considera acrítico em suas obras posteriores, a Fenomenologia do Espírito. Nesta, segundo Marx, já há "o germe como potência, como um mistério, o positivismo acrítico e igualmente acrítico idealismo". A própria fenomenologia (do espírito) contém uma forma abstrata de analisar o homem que não passa de uma forma de pensamento. Por isso quando Hegel trata da alienação, ela existe no mundo das ideias, o que Marx chama de "uma alienação do pensamento filosófico "puro" abstrato"[32] e chama o filósofo de "uma grande figura abstrata do homem alienado" e que para ele "toda a história da exteriorização e toda a retomada da exteriorização não é assim senão a história do pensamento abstrato, isto é, Absoluto. A alienação nada mais é do que a oposição entre o em-si e para-si, a consciência e a consciência de-si / o sujeito e o objeto, isto é, a oposição no interior do próprio pensamento entre o pensamento abstrato e a efetividade sensível ou a sensibilidade efetiva"[33]. Essa crítica contundente de Marx a falta da visão materialista de Hegel nas relações reais do homem na sociedade, o leva a dar respostas nessa direção. Aí está o contraponto da dialética marxista à dialética hegeliana e só assim entendemos em essência o que é a crítica – não só analisar ou apontar o que deveria ser feito, mas como traçar um caminho e percorrê-lo para realizar o conteúdo da crítica. Marx fez isso como ninguém. A abordagem materialista da alienação é o cerne do princípio da propriedade privada de um lado e da exploração econômica do outro, os dois grandes motores da sociedade capitalista, ainda hoje, com toda a roupagem nova que ela tem. Em algum lugar desta sociedade, o Capital, vai buscar trabalho vivo para alimentar-se. Este continua necessário! No dia que não for mais, certamente a sociedade será outra.

Para chegar a fundo na análise, da sociedade capitalista Marx teve seus referenciais, como qualquer estudioso, e não foi Hegel quem lhe inspirou a teoria da alienação e sim Feuerbach. Só, que Hegel, (que também inspirou-se no mesmo filósofo para abordá-la), a coloca no novo método para trabalhá-la no movimento dialético das consciências. Se o método nasce com Hegel e

Marx o aperfeiçoa, fazendo-o sair do abstrato para o concreto, é, como, num simbolismo vulgar, só para efeito de comparação, se Hegel tivesse feito a cama e Marx a tivesse aprontado para deitar-se.

Em resumo, para compreender melhor uma realidade tão contraditória como é a articulação entre o indivíduo que socialmente está fora dele e só existe como coisa que produz e dá lucro a um outro, conforme a análise de Marx, faz-se fundamental trazer Hegel à discussão por ter sido ele quem primeiro, na modernidade, tratou da contradição e da alienação do homem, indivíduo, enquanto ser em-si, de-si, para-si e no outro. A nível do abstrato, não há dúvidas, mas foi um grande primeiro passo na filosofia moderna. O homem só existe em-si (consciência-em-si), no eu-outro. É o reconhecimento dialético, o miolo da teoria da alienação em Hegel que Marx Materializou nos seus estudos. A dialética do senhor e do servo é o fio condutor da transformação da dialética hegeliana na dialética marxiana.

O servo liberta-se no trabalho e o senhor o inveja porque não forma nada, se escraviza; mas como o escravo é dele, o senhor se reconhece nele e o suprassume. Na dialética materialista Marx constata o contrário, ao invés do trabalho ser o veio da liberdade na sociedade capitalista ele deixa o trabalhador acorrentado, escravizado. O patrão é independente e livre e pela histórica apropriação do resultado do trabalho dos seus operários, ele alimenta e amplia suas propriedades inclusive a mercadoria força de trabalho, do assalariado, que é forçado a lhe dar trabalho de graça diariamente. O trabalho para-si do assalariado é suprassumido pelo patrão pela intermediação da jornada de trabalho e do salário.

Em "A Sociedade Civil Burguesa" que é uma parte de "A Filosofia do Direito de Hegel", o autor demonstra uma preocupação com a relação entre o indivíduo singular e universal. "Na sociedade civil burguesa, o indivíduo singular, com efeito, é membro da sociedade civil burguesa por todas as suas contingências. A massa da população é um mal perigoso porque ela não tem direitos nem deveres"[34]. "Na sua realização efetiva o fim egoísta, assim condicionado pela universalidade, estabelece um sistema unilateral, de tal maneira que a subsistência e o bem estar do indivíduo singular, assim como a sua existência jurídica, estão entrelaçadas na subsistência, no bem estar e no direito de todos, neles têm a sua base e só nessa conexão tem liberdade efetiva e segurança"[35] "precisamente porque se desenvolve por si até a totalidade, o princípio da **particularidade** passa a **universalidade**"[36]. (grifo do autor) "Os indivíduos são como cidadãos de determinado Estado, pessoas privadas que têm por fim o seu próprio interesse. Como esse fim é obtido pela mediação do universal, que assim lhes aparece como **meio** só pode ser atingido na medida em que determinem de maneira universal o seu saber, o seu querer, o seu fazer e se façam em **elo** da cadeia dessa **conexão**"[37]. (grifo do autor) Ficam claros, nessas citações a visão do homem coletivo no indivíduo hegeliano. O indivíduo deve a sua existência às mediações universais. É como se as equivalências entre eles fossem as mesmas, e elas nada mais são do que as leis da sociedade que determinam os direitos e os deveres de cada um.

Hegel não distingue classes; é como se todos os indivíduos fossem iguais e para isso formam uma totalidade pelo seu objetivo único. O indivíduo particular universal de Hegel é um indivíduo criado pelas leis da justiça e da ordem porque é assim que ele vê o Estado. Apesar da sua similitude com Marx em termos da individualidade na universalidade dos homens, a última se prende em Marx a capacidade produtiva dos indivíduos, que é universal.

Quanto a equivalência dos indivíduos na sociedade, Marx diz que ela se dá pela mediação do dinheiro, isto é, a individualidade está na universalidade produtiva dos homens, mas a particularidade de cada um reside no seu poder de troca "aquilo que mediante o dinheiro é para mim, o que posso pagar, isto é, o que o dinheiro pode comprar, isso **sou eu**, o possuidor do próprio dinheiro, minha força é tão grande como a força do dinheiro. As qualidades do dinheiro, qualidades e forças essenciais são minhas, do seu possuidor. O que eu **sou** e ou que eu **posso** não são determinados de modo algum pela minha individualidade. Sou feio mais posso comprar a **mais bela mulher**. Portanto não sou **feio**, pois o efeito da feiura, sua força afugentadora, é aniquilada pelo dinheiro. Segundo minha individualidade sou inválido, mas o dinheiro me proporciona 24 pés, portanto não sou inválido; sou um homem mais sem honra, sem caráter, e sem espírito, mas o dinheiro é honrado e, portanto também o seu possuidor. O dinheiro é o bem supremo, logo, é como o seu possuidor; o dinheiro poupa-me além disso o trabalho de ser desonesto, logo, presume-se que sou honesto. Sou **estúpido**, mas o dinheiro é o espírito real de todas as coisas como poderia seu possuidor, ser um estúpido? Além disso seu possuidor pode comprar pessoas inteligentes, não é mais inteligente do que o inteligente? Eu, que mediante o dinheiro posso **tudo** o que o coração humano aspira, não possuo todas as capacidades humanas? Transformam o meu dinheiro, então todas as minhas incapacidades em seu contrário?

Se o dinheiro é o laço que me liga a vida humana, que liga a sociedade a mim, que me liga com a natureza e com o homem, não é o dinheiro o laço de todos os **laços**? Não pode ele atar e desatar todos os laços? Não é por isso também o **meio** geral da **separação**? É a verdadeira **marca divisória**, assim como o verdadeiro **meio da união**, a força (...) **química** da sociedade"[38]. (grifo do autor)

A particularidade do indivíduo hegeliano ligado a universalidade dos direitos legais em "A Sociedade Civil Burguesa" se dilui nas relações objetivas da sociedade que para Marx nada mais são do que a sociedade civil burguesa de Hegel. O empenho de Marx em enxergar o indivíduo social, que Hegel chama de universal, tem o sentido, como não poderia deixar de ser, que ele quer dar a sua análise: mostrar um homem desumanizado pelos ditames de um modo de produção (capitalista, é claro), que só o considera como "coisa que serve", para produzir e para consumir.

Nietzsche, aparentemente distante das questões sociais, tem as mesmas preocupações de Hegel e Marx: a liberdade humana, por outras vias, é claro. Para Hegel a liberdade fluirá pelo desenvolvimento do pensamento; para Marx, pelo desenvolvimento objetivo da sociedade, das suas forças produtivas as quais geram contrários tão fortes, que confrontam classes radicalmente, num conflito revolucionário; e para Nietzsche a liberdade humana dar-se-á com a superação da "vontade de potência" recorrente, já que, segundo ele, o que existe é uma humanidade decadente pela escravidão do pensamento. Ora, se o pensamento for livre é porque o homem, no seu todo, na **vontade de poder** ser inteiro, realmente se desenvolveu. Nesta concepção (do pensamento livre do homem) Nietzsche aproxima-se de Hegel, a quem tanto criticou pelo seu excesso de idealismo. Aliás é o idealismo, alemão, associado a uma filosofia deísta que levam Nietzsche, ao longo de sua obra, a fazer as mais ferrenhas críticas aos filósofos alemães, principalmente Kant. Mas tudo leva a crer, que não escapa nenhum deles, com exceção de Marx, a quem nunca fez qualquer alusão, talvez, por este ter sido materialista. Mesmo assim, como Nietzsche não fazia fé em nenhuma forma de governo, nem de Estado, foi um antidemocrático e um antitotalitário, na nossa concepção, ele joga farpas em Marx, de forma indireta, sem citá-lo, quando critica a luta pelo socialismo e pela igualdade dos homens e a superação das classes. Ele não acreditava que o homem, do alto de seu egoísmo – qualidade comum a todos – desejasse qualquer tipo de igualdade, pudesse fazer promessas e cumpri-las e lutasse, de fato, por justiça social.

Sumarizando, enquanto Marx vê a redenção do indivíduo na luta coletiva entre os que oprimem e os oprimidos com a vitória dos últimos, Nietzsche praticamente preconiza um "novo" homem que nascerá da sua luta consigo mesmo procurando vencer as suas "vergonhas".

Notas

[1] In Jerphagnon 1973: 109.
[2] Id ibidem, 109.
[3] Id ibidem, 109.

[4] Id ibidem, 91.
[5] Id ibidem, 93.
[6] Id ibidem, 92.
[7] Discurso do Método: 58.
[8] Lukács "Introdução a uma estética Marxista, 1978: 14.
[9] Arendt: 1993.
[10] Id ibidem.
[11] Id ibidem.
[12] Lições sobre a Filosofia da História, In Jerphagnon, 1973.
[13] Sistéme III, discurso preliminar.
[14] Jean Wahl, Etudes Kierkgadiennes, In Jerphagnon, 1973.
[15] Id ibidem: 122.
[16] L'Être e le Nèant, 1943.
[17] Id ibidem, 121.
[18] É esse vínculo que procuramos buscar em Nietzsche para um aprofundamento do materialismo dialético.
[19] Nietzsche, Os Pensadores: 390/172.
[20] Id ibidem, 397.
[21] Id ibidem, 397.
[22] Id. Ibidem, 395.
[23] Id ibidem, 392.
[24] Na nossa opinião, Vontade de Potência em Nietzsche sofre a influência de Goethe, na sua obra "Fausto" e mais diretamente de Richard Wagner, que em seu livro "A Arte e a Revolução" traça um caminho para a liberdade humana, pela arte, no curso revolucionário do socialismo. Indicamos a leitura desses livros aos estudiosos de Nietzsche.
[25] Genealogia da Moral: 39,40.
[26] Id ibidem: 42.
[27] Manuscritos Econômicos e Filosóficos de 1844; Primeiro Manuscrito; pg 111;Alianza Editorial
[28] Id ibidem.
[29] Terceiro Manuscrito: pg 14; coleção Os Pensadores
[30] Terceiro Manuscrito: p.18.
[31] Terceiro Manuscrito: p.17.
[32] Id ibidem: 42.
[33] Id ibidem: 42.
[34] Id ibidem: 54.
[35] Id ibidem: 63.
[36] Id ibidem: 67.
[37] Id ibidem: 68.
[38] Manuscritos Econômicos e Filosóficos de 1844. Terceiro Manuscrito; p.36.

UM MÉTODO:
EMPÍRICO, PROCESSUAL, REFLEXIVO[1]

Subvida e antiarte: metamorfoses do cotidiano

Temos a convicção de que a materialidade objetiva de uma atividade produtiva, no caso, a fumicultura, substantiva-se na íntima irmanação com o ser, com o subjetivo, só assim há uma subjetividade do objeto e uma objetividade do sujeito – o real agente do ciclo produtivo – o trabalhador, o fumicultor. É uma materialidade objetivo-subjetiva submetida à subjetividade empresarial.

Se assim não fosse, estaríamos diante de uma materialidade vazia, de um objeto externo a uma essência, que não só desqualifica, como desidentifica e deslegitima qualquer ramo filósofo-científico do conhecimento. A Geografia não pode contentar-se, portanto, com a objetividade inconsistente.

Nos acostumamos a separar descrição de reflexão. O que se descreve não se pensa e vice-versa; descrevemos a matéria imediata e refletimos sobre o subjetivo mediato. É fundamental, na investigação científica cruzarmos esses caminhos. Quando fazemos uma descrição sobre a reflexão, própria do exercício intelectual, demonstramos que não trata-se de uma abordagem antitética. No entanto, acostumamo-nos a dizer, que a Geografia que trabalha com a observação e a descrição, do que se apreende com os olhos é pobre em reflexão teórica e que a reflexão teórica, dispensa a descrição. Essa é a ideia preocupada em separar o visível, do oculto; o próximo, do remoto, os quais estão na fragmentação da realidade como uma lei da inércia social, remanescente do positivismo do século XIX e ainda é muito atual.

Quando descrevemos o que vemos, usamos ao mesmo tempo o nosso raciocínio, há, portanto, uma reflexão. Reflexão do imediato, é claro, uma reflexão sobre o fenômeno. Ao rompermos o imediato, ou quebrarmos o fenômeno mentalmente, nos abstraímos, momentaneamente, da aparência, fugimos da pura fisionomia do que está diante de nós, queremos alcançar o seu conteúdo, sua essência; ao conhecê-lo, passamos a sua descrição. Com isso estamos dizendo que assim como a aparência não é inimiga da essência, a descrição não é inimiga da reflexão, uma está sempre na outra, ou é um momento da outra. A reflexão sobre a essência dos fatos não é o oposto da descrição, da forma como aquela apresenta-se. Em outras palavras, há uma descrição reflexiva sobre o aparente e uma reflexão descritiva sobre a essência. A riqueza teórica na Geografia, não pode eliminar a sua riqueza descritiva e vice-versa. Não descrevemos só o que vemos e nem só refletimos sobre o que pensamos com profundidade. Tanto a descrição reflexiva, quanto a reflexão descritiva têm importância na análise geográfica; a descrição reflexiva do imediato e a reflexão descritiva no mediato. Fazendo Geografia dessa forma é possível que os conceitos geográficos deixem de ser só objetivos e ocos, ou somente subjetivos e abstratos; ou somente empíricos "puros" de um lado e teóricos "puro" de outro lado. Eles devem ser plural sem perder a singularidade. É uma questão de método! Por que não trabalhamos com um método Empírico Processual Reflexivo? Vejamos a paisagem, sob a ótica convencional, e sob o método que nos esforçamos em construir.

Entendemos paisagem como a fisionomia dos lugares e dos espaços sociais, a forma pela qual eles comunicam-se conosco, com o mundo; a sua aparência. É a partir dela que fazemos, como pesquisadores, nossas primeiras perguntas. Interrogações racionais e emocionais; a razão na emoção, já que uma não descola-se da outra, ou, por que não dizer a razão emocional? Não observamos e perguntamos à paisagem com a frieza do robô. A observação de uma paisagem provoca-nos as mais variadas manifestações de sentimento e as mais longínquas curiosidades. O nosso pensamento registra as racionalidades emotivas e as emoções racionais da realidade, que a paisagem nos transmite. Com os nossos sentidos aguçados observamos e descrevemos a paisagem no exercício de nossa reflexão imediata provida de emoção.

Tudo o que a paisagem contém possui uma função, seja uma funcionalidade estética, política, estratégica, jurídica, econômica, cultural, histórica, dentre tantas outras e de acordo com o interesse e a acuidade do observador, pesquisador enxerga-se uma ou outra, ou várias delas que se queira estudar, ou faz-se necessário pesquisar num certo instante.

O funcionalismo da paisagem tem uma força muito grande perante quem a investiga levando alguns estudiosos a afirmar que "ela fala por si mesma", ou, "o lugar diz tudo", ou "o espaço é o resultado da intervenção do homem no meio", como se fosse só isso. Tudo, produto de uma relação natural ou "artificial" (como dizem alguns): homem, (igual a sociedade) X meio, (igual a natureza).

A paisagem é isso e não é só isso. Funcionalidade, resultado, fisionomia, são a sua aparência. Ela tem um conteúdo, que é sua substância, a qual confunde-se com a essência dos lugares, dos espaços, da relação homem X meio e do território. Já dissemos que o lugar não é só um lugar, num dado tempo. Há um entrelaçamento de lugares e de tempos no lugar e tempo que se está considerando. Uma sala de aula é um lugar no tempo de dar aula. Para ela existir quantos lugares e tempos estão aí? Atente-se para a sua construção: os materiais necessários vieram de muitos lugares em tempos diferentes, com trabalho de processos diversos contendo "n" mediações. Aí está o resultado de muitas horas de trabalho com os desejos, anseios, satisfações, amarguras contidas nas mentes de quem produziu cada parte da edificação, ou as peças das mobílias. Os produtos dos trabalhos, que reunidos dão forma e funcionalidade a sala de aula, são feitos com as energias orgânicas e inorgânicas dos trabalhadores, nestas últimas estão suas emoções. Cada parte da estrutura da sala de aula e as peças que estão nelas, para que ela funcione como tal, guardam instantes da história material e emocional dos trabalhadores.

Nos diversos locais e tempos de trabalhos, necessários ao resultado sala de aula, os trabalhadores envolvidos produziram ao mesmo tempo, após terem negociados sua força de trabalho com o patrão, no tempo e lugar da grande circulação, momentos de suas existências como assalariados, por receberem como pagamento das horas de trabalho, uma quantia em dinheiro, um salário, um equivalente do seu valor que a sociedade determina, o qual responde pelo nível de reposição de suas energias gastas em cada ciclo de produção, circulação e de troca, até as mercadorias produzidas alcançarem suas finalidades como valores de uso. Na sala de aula há, portanto, inúmeros espaços e tempos onde foram extraídas as matérias-primas empregadas na construção da edificação e na produção dos objetos que a sala de aula requer; há os tempos dos seus deslocamentos para os locais de produção, os vários tempos de produção imediata, circulação econômica e troca monetária com os locais próprios de cada um desses momentos.

Os espaços e os tempos de compra de mercadoria imprescindíveis à reprodução de quem trabalha; os tempos e lugares de reposição das foças dos trabalhadores, que são tempos e locais de trabalho não produtivo, de substituição do trabalho abstrato, social, pelo trabalho concreto doméstico, em tempos e locais de lazer e descanso. Tempos e locais seus, dos indivíduos, mas que lhes são retirados pelos rigores da dominação, os quais lhes ordenam sobre o compromisso de se recomporem como trabalhadores de forma recorrente, a fim de estarem, nos tempos e locais de trabalho seguintes, aptos a recolocarem suas forças de trabalho em ação para seus patrões.

É preciso não esquecer também na sala de aula os tempos e lugares dos funcionários, professores e alunos, anteriores ao instante da aula e posteriores a ela[2]. O puro funcionalismo esconde a história do lugar sala de aula[3]. Ele só está preso a um empirismo, simples, uno, próximo, imediato, aparente; um locacional cartográfico, por isso antissubstantivo.

Quando afirmamos que não há uma funcionalidade natural, mas criada, perguntamos quem está por traz dela e vamos descobrindo os momentos e as relações materiais e subjetivas responsáveis por ela. Saímos do empirismo convencional sem abandoná-lo de todo, ao contrário, ele está sendo ampliado. O empirismo passa a ser plural, múltiplo, mediato, remoto; um empirismo, também, da essência dos fatos. Um empirismo que contém a natureza humana e a natureza social. Entendemos que não há um natural dissociado do social, ou, o contrário.

Pelo exposto no exercício teórico acima, depois de sermos capazes de responder a uma série de perguntas sobre a funcionalidade dos lugares, dos diversos elementos da paisagem, ou do espaço resultado, o que estamos realizando é um trabalho empírico histórico, por isso, crítico. Fomos buscar a superação do concreto palpável por meio da abstração, percorrendo um caminho intelectual de ida e volta sobre as instâncias econômico-sociais-filosóficas contidas nos objetos que formam o lugar geográfico, na sua paisagem, numa dada totalidade do espaço social. Elaboramos uma descrição do que descobrimos numa reflexão sobre o mediato sala de aula e demos a conhecer que ela não é só um lugar, ou uma paisagem, ou uma rápida totalidade espacial; muitos outros lugares estão aí com os seus tempos, o que vale dizer também que as relações que se dão naquele local (sala de aula) não morrem ali, vão fluir para vários outros lugares, espaços e paisagens.

A sala de aula é um lugar, espaço e paisagem resultado, delimitados. E como não são só isso, falamos de um processo de espacialização, que não é aérea nem estratosférica, logicamente, dá-se no chão. O nosso objetivo é indicar que não há rigidez de delimitações de espacialidades, de lugares, ao contrário, existe movimento. É como se fossem várias espacialidades, lugares e paisagens abstratos numa espacialidade concreta – o que se vê – só que as outras instâncias também são reais. É o mesmo que afirmarmos que há uma descontinuidade na continuidade. Em síntese, um lugar vai a muitos lugares e vice-versa, as espacialidades estão superpostas e entrelaçadas; a paisagem visualizável só reflete uma ínfima parte de cada um deles e contém na sua essência muitas outras paisagens. Uma relação que ocorre num certo lugar-tempo, sofre determinações de outros lugares e tempos e estes vão determinar outros. O que acontece num lugar, num espaço que a paisagem nos mostra não se esgota nele; como, também, não tem nele o seu início. Seriam o lugar, espaço e paisagem processuais, com suas contradições e mediações. Neles estariam os lugares, espaços e paisagens cartesianos, com suas evidências, certezas e verdades. Estes últimos vêm compondo a realidade que o pensamento geográfico convencional considera.

A justificativa da digressão teórica aqui realizada está no propósito de esclarecer o conceito que temos sobre lugar, espaço e paisagem geográficos com o qual trabalhamos nas nossas investigações diretas. Da relação homem X meio falaremos mais adiante, relacionada a própria fumicultura.

A totalidade concreta da nossa investigação corresponde às localidades denominadas "São João", "Quilômetro Sessenta" e "Alto de Pedrinhas" escolhidas por serem as maiores áreas de plantação de fumo de Tubarão[4], principalmente a última citada e por estarem próximas a sede do município o que facilitou nosso deslocamento. Quando lá chegamos, defrontamo-nos com os campos de cultivo, os membros das famílias trabalhando em diferentes etapas do ciclo do fumo. Uns na colheita, outros aplicando agrotóxicos, ou fazendo a limpa do terreno; outros nas estufas – local de secagem do fumo, arrumando as folhas nas varas de secagem, escolhendo-as, fazendo a seleção. Pessoas da família, de idades diferentes, por vezes, três gerações reunidas. Junto com elas estavam os trabalhadores alugados e os cooperados (muito comuns entre eles), cada um exercendo tarefas subordinadas à uma divisão de trabalho que parecia obedecer apenas a capacidade física de cada um. Tudo isso formava um conjunto paisagístico esteticamente banal, mas aguçava fortemente nossa curiosidade geográfica.

O lugar na espacialidade do fumo, que nos defrontamos tem muitos outros lugares em espacialidades, como qualquer um outro lugar que se queira investigar e o resultado das atividades aí empreendidas, correm parte do mundo. A paisagem sensível dessas áreas em nada aponta sobre a orientação que toma o trabalho excedente daí extraído. As pequenas áreas produtivas de fumo guardam na aparência uma organização econômica familiar, onde além dos elementos que formam o núcleo central da família trabalham outros parentes. E nas fases que requerem mais braços, para o trabalho na lavoura são contratados, eventualmente, trabalhadores estranhos à família, que as vezes nada têm a ver com o seu nível socioeconômico delas. São trabalhadores despojados de qualquer bem material, meros vendedores de força de trabalho – este é o seu "capital" – enquanto os elementos que compõem a família fumicultora são proprietários não só da terra, como da ferramenta que utilizam no trabalho. Trabalham para interesses econômicos próprios, para garantirem sua posição de pequenos produtores proprietários. A realidade, contudo, não é só essa.

A maioria dos produtores ainda pagam máquinas agrícolas compradas por meio das companhias "integradoras" e empréstimos para a construção de estufas e máquinas de controle da temperatura dos fornos. Quer dizer, dependem das empresas tabagistas, a Souza Cruz, principalmente, a que tem maior força não só na área, no município, como em todo o país. Trabalham ou com capital emprestado diretamente pela empresa (no sistema de troca-troca), ou por bancos avalizados por ela. Procedem como a empresa quer: ela lhes vende os insumos e intermedia a compra de implementos agrícolas e eles lhe entrega a safra, saldam as dívidas e recebem a diferença. É nessa transação que os produtores sempre saem perdendo pois a empresa os dominam, e eles cumprem as suas ordens.

As indústrias de fumo não querem diretamente envolvimento com a produção da matéria-prima. Cultivá-la dá muito trabalho; têm que enfrentar problemas que eventualmente pode haver na lavoura; o trabalho agrícola depende dos ritmos da natureza, que por vezes têm seus "caprichos". O que interessa às indústrias é receber a matéria-prima sem correr qualquer risco à sua produção e, principalmente, extrair lucros de quem produz. É isso que elas fazem. A "integração" com os pequenos produtores possivelmente vem sendo o seu trunfo para atravessarem as crises.

A terra é dos fumicultores, mas é como se não fosse, porque eles não a utilizam como querem para si – ninguém os obriga claramente a plantar fumo, mas como outras culturas não têm preço, conforme suas próprias informações, eles sentem-se sem escolha, apesar do trabalho que o produto exige – o mercado lhes ordena a plantar fumo. A terra é utilizada como meio deles integrarem-se à empresa; de trabalharem para ela; de serem seus funcionários externos.

Nos campos de plantio, no tempo de cultivo, e nas estufas, no tempo de secagem do fumo estão inúmeros lugares e tempos imprescindíveis ao funcionamento da atividade fumageira. Tais como, os lugares e tempos dos diversos insumos empregados e das máquinas agrícolas, bem como os lugares e tempos das matérias-primas necessárias à esse fim. Com todo o pessoal envolvido em processos de produção de suas vidas, ao mesmo tempo em que produzem mercadorias com os momentos que sintetizamos na elucubração que fizemos sobre a sala de aula. Os resultados das explorações pretéritas são agora empregados para mover a força de trabalho familiar e dos seus companheiros de trabalho, num ciclo de exploração econômica escamoteado pela intermediação da propriedade da terra e dos meios de trabalho, que confirmam a "autonomia" dos pequenos produtores. É o fetichismo da pequena produção. O sentido da propriedade fala mais alto, dá independência, esconde a dominação.

Nos campos de produção de fumo estão inúmeros espaços e tempos de relação de opressão, de tristeza e satisfação instantânea de vários indivíduos, todos superpostos e entrelaçados. Os resultados do que foi produzido, distribuído e trocado em relações entre exploradores e explorados de tempos e lugares anteriores, se escondem nos meios existentes, para que agora se opere uma nova atividade, que sem dúvida, vai dar lucro a um pequeno grupo, o qual não encontra-se nas cercanias dos campos de fumo. Há um processo de espacialização passado que pressupõe uma espacialização futura, contidos na espacialidade ora visualizada. Do lugar superposto a esta espacialidade sairá, como resultado do processo de trabalho empreendido, a mercadoria fumo, contendo em cada folha, não só parte das energias físicas de quem trabalhou, como também parte das energias psíquicas desprendidas em anseios, sonhos, frustrações, ilusões, desânimos, raivas e outras manifestações do psiquismo do trabalhador, no momento da produção. O fumo, como qualquer outra mercadoria, produzida pelo trabalho, contém além de trabalho não pago, as emoções sentidas pelos trabalhadores nos diversos momentos da produção em geral. Isto é, *fração das energias orgânicas e inorgânicas dos fumicultores, incorporadas as folhas de fumo vão correr mundo*. Vão dar lucro a quem as vende e prazer ao consumidor final do fumo já transformado em cigarros, charutos, cigarrilhas e fumo para cachimbo.

O que teorizamos até aqui revela como abordamos a relação natureza humana X natureza não humana na área fumageira que estudamos. Ou, o que é comum falar-se na Geografia: a relação homem X meio. Nosso intento, no estudo da relação homem X meio, em Tubarão, é centralizar nossa atenção no que envolve o trabalho dos pequenos fumicultores pertinentes aos objetivos pontuados na apresentação desse trabalho, dando a conhecer como os espaços e os lugares estudados são construídos por meio dessa relação, cujos resultados estão contidos na paisagem. É um estudo empírico-teórico. Entendemos que, cada uma dessas dimensões não é inimiga da outra e confirmamos a importância do empirismo na Geografia. Não do empirismo simples, kantiano e sim do empirismo múltiplo, que está no nosso método. O empirismo da aparência é característico metodológico da abordagem geográfica tradicional e não temos que deixá-lo de lado, quando nos preocupamos com questões teóricas de maior profundidade, ao contrário, devemos aprofundá-lo, aliando o empírico simples ao empírico múltiplo. No primeiro está a descrição reflexiva; o segundo contém a reflexão descritiva, que unem-se no enfoque processual dos fatos geográficos.

Na caminhada científica que percorremos nesse ramo do conhecimento, não temos porque dar só importância a experiência do trabalho de campo, unicamente através dos nossos sentidos, apelando para memórias e reflexões imediatas. Trabalhando assim fazemos um empirismo mecânico, porque vazio de conteúdo histórico. É preciso ir além dele; realizar um empirismo sensível sem dispensar as memórias e as reflexões mediatas, indispensáveis à uma interpretação crítica, fazermos um empirismo plural. Daí tentarmos superar o empirismo singular estéril, que explica o que está diante de nós, o óbvio e atingirmos o empirismo histórico, por isso, crítico[5], nele, a superação mantém o imediato das primeiras impressões.

Quando afirmamos que na pequena produção em Tubarão, uma das nossas preocupações é descobrir como é feita a construção daquele lugar, contido numa espacialidade, que manifesta-se como paisagem fumicultora, referimo-nos a um rápido momento do espaço geográfico espacializado, como resultado do processo de espacialização, assim o entendemos. Para isso vamos buscar o maior número possível de relações entre contrários imbricados naquela realidade.

O homem, pequeno produtor relaciona-se com a terra, que é o principal meio natural-social para ele produzir sua vida, através do trabalho concreto que ele executa; ela é, para ele, o meio dele garantir sua subexistência, porque ele detém sua propriedade social. Entre a natureza humano-social – pequeno produtor – e a natureza terra interpõe-se a mercadoria dinheiro, que confere o caráter social à terra. A relação existe entre a natureza social do pequeno produtor e a natureza social – terra – através de uma relação monetária. A relação homem X meio é a um só tempo natural – natureza humana X natureza terral e social – homem trabalhador X terra, renda fundiária, equivalente a dinheiro, ambos, (homem trabalhador e terra) produtos histórios.

A terra do pequeno produtor foi adquirida pela compra; a propriedade privada legal que ele tem sobre a terra, só foi possível porque ele transformou dinheiro em renda fundiária capitalizada, no momento em que ela foi comprada. Para ele obter a terra houve um mecanismo de compra e venda no mercado imobiliário. A terra não perde sua característica, não deixa de ser natureza, mas além desta ela tem uma conotação social, como mercadoria, que pode um dia ser vendida pelo seu dono e por isso ela é dinheiro "futuro" para o seu proprietário (embora na pequena produção, frequentemente, este aspecto desapareça). A relação homem X meio, é relação natureza X natureza; sociedade X sociedade; natureza X sociedade; sociedade X natureza. Inversões próprias de relações contraditórias. A relação homem X meio, na nossa sociedade, materializa as contradições da sociedade capitalista. No caso pesquisado enfocaremos algumas dessas contradições. O meio é onde o homem reproduz sua vida pelo trabalho.

O homem, produtor de fumo, trabalha na sua terra, porém a maior parte do produto lhe escapa das mãos, a empresa apropria-se dele. Esta intervém na relação do produtor com a terra, via insumos que fornece e maquinários que financia. O produtor não tem voz ativa para dizer "o preço do meu produto não é esse, tem muito trabalho aí", segundo manifestações de alguns deles durante as entrevistas que realizamos. Há um estranhamento particular entre o trabalhador e a materialidade do seu trabalho. O fumo é dele, mas ele não tem poder para reclamar sua propriedade. O contrato que ele faz com a empresa lhe impede e ele não encontra outra alternativa, quando vai unir-se a ela, que garante-lhe recursos para produzir e comprar sua safra no final do ciclo produtivo. Por outro lado, o fumo, segundo os fumicultores é o único produto agrícola que tem preço, sempre acompanha a inflação[6].

A relação homem X meio na pequena produção do fumo, como qualquer outra se dá pelo trabalho, só que esta não é uma relação que reproduz simplesmente os produtores e suas famílias, ela reproduz também o grande capital, na medida em que as famílias agricultoras dão trabalho de graça às empresas multinacionais (ou não). O trabalho concreto do fumicultor transfigura-se na relação, em trabalho abstrato. É um trabalho concreto-abstrato; uma relação singular, onde as duas instâncias de trabalho acasalam-se, aparecendo, somente, uma delas – o trabalho concreto dos indivíduos membros das famílias. Se a situação realmente fosse essa, não existiria, de forma encoberta, remuneração de horas de trabalho, como daremos a conhecer na análise dos dados. O trabalho concreto remuneraria todo o trabalho e não só uma parte dele; seria um trabalho sem alienação, que garantiria a vida simples dos produtores, mas com independência econômica e financeira. A relação homem X meio, na pequena produção fumageira contém, sem revelar, o trabalho social produtivo, gerador de valor.

O lugar do fumo não é pois, como demonstraremos a seguir[7], só um ponto na paisagem de Tubarão. A paisagem do fumo não restringe-se a campos de cultivo, homens trabalhando para si, estrutura de secagem e a forma arquitetônica que abriga o beneficiamento do produto. A paisagem sensível kantiana, esconde um conteúdo de exploração, que só pode ser compreendido na reflexão crítica.

Notas

[1] Esse texto está baseado num capítulo de "A Paisagem do Fumo em Tubarão", tese que fiz para o concurso de professor titular na UFSC, em 1993.Ele é resultado de um trabalho de pesquisa, que eu realizei na fumicultura catarinense durante três anos.
[2] Ver a respeito *A Natureza Contraditória do Espaço Geográfico*, 2ª edição; 2001

[3] História no sentido de produção e reprodução da vida dos trabalhadores.
[4] Município de Santa Catarina.
[5] Não trata-se do empirismo crítico de Hume em que ele rejeita o princípio da causalidade, próprio do empirismo, enquanto corrente do pensamento que só admite o conhecimento baseado na experiência. Ele tem como axioma célebre de todos os seus seguidores que "não há nada no intelecto que não tenha estado antes na sensibilidade" (Jerphagnon, 1973), ao que Leibniz retruca dizendo "a não ser o próprio intelecto". Hume fala da impossibilidade de se fundamentar com rigor a ideia da necessidade causal (grifo nosso) nem sobre uma demonstração racional, nem sobre uma intuição empírica. Ele denomina o empirismo da causalidade de empirismo vulgar. Para Hume a associação de ideias tem uma importância fundamental no conhecimento e pode-se chegar ao equívoco de considerar uma pura objetividade de dados, quando "não passa de uma experiência subjetiva mal interpretada".

O conhecimento humano, está de certa forma, preso a noções de causa e feito, de considerações aprioristicas e a posteriori. Na nossa opinião há uma maior facilidade de raciocinar-se assim; algo vem antes do depois. É como se pensássemos dando passos em linha reta, o que é conhecido como raciocínio lógico, próprio da lógica formal. Vincular o sim com o não, ou uma afirmação com uma negação parece bem mais complicado.

O empirismo de causa e consequência verte-se inócuo para as Ciências Sociais, porque é mecânico, não explica os fatos com a profundidade necessária, detém-se no óbvio. Nas chamadas Ciências Naturais ou na Medicina, por exemplo, ele pode ter sua importância, não vamos entrar no mérito do seu emprego em outros ramos do conhecimento.

O empirismo crítico, que supomos para a Geografia, como método de análise, também não tem nada a ver com o empiriocriticismo de Mac e seus seguidores, severamente criticado por Lenin em seu livro "Materialismo e Empiriocriticismo" (1975), onde ele faz uma implacável apreciação ao materialismo de Mach, que procurou, no começo desse século, desmoralizar o materialismo dialético; época em que até Plékhanov, que havia sido um ávido defensor das ideias de Marx, aliado a outros revisionistas procederam de forma semelhante. Lenin chama a essa corrente revisionista de "materialismo vulgar", ou empiriocriticismo. Os revisionistas reconhecem os sentidos como a única forma de conhecimento; segundo Lenin, eles caem no kantismo e não têm qualquer compromisso político transformador, mas também buscam alguma coisa "em si", além dos sentidos de forma mística. Lenin não usa meios termos em suas críticas, o empiriocriticismo tem um sentido de deboche.
[6] Informações de março de 1991.
[7] A análise está contida no quarto capítulo da tese sobre "A paisagem do Fumo em Tubarão", trabalho apresentado ao Departamento de Geociências da UFSC para provimento do cargo de professor titular em Santa Catarina, 1993.

REVISÃO DA QUESTÃO AGRÁRIA BRASILEIRA, A PARTIR DA ÓTICA DE MANOEL CORREIA[1]

O Latifúndio (leia-se Estado Brasileiro) flecha a vida do pequeno agricultor.

Os problemas no campo brasileiro são tão antigos quanto a dita história civilizada desse país. A questão Agrária teve início quando as terras foram doadas em sesmarias pelo rei de Portugal para portugueses que aqui estavam e dispunham de dinheiro para custearem o cultivo da cana de açúcar a partir do século XVII. Com o decorrer dos anos, o custeio passou a depender de capital de agiotas externos (de fora do país), com quem os senhores de engenho negociavam o açúcar, e a situação de endividamento de muitos deles tornou-se delicada. Relativo a este fato existia uma relação de dominação externa, (de fora do país) para com os grandes agricultores e outra interna, entre grandes e pequenos sesmeiros ou entre grandes senhores de engenho e senhores de menor porte, proprietários de engenhocas. Havia conflitos entre os donos da produção açucareira e da terra.

O que chama a atenção, no entanto, é que para atingirem os objetivos do dinheiro, os senhores, grandes proprietários de terra e da produção açucareira, junto com outros de menor porte passaram a fazer a sangria daqueles que ficavam sob o seu jugo direto, que trabalhavam para eles. As vezes não se tira o sangue do subordinado, mas arranha-se sua alma com as chibatadas da humilhação moral e material, objetivadas nas carências humanas impostas.

Assim começou a história, ou anti-história desse país, uma vez que somos daqueles que acreditam na verdadeira história a ser escrita, a partir do dia em que o homem trabalhador libertar-se das diversas formas de chicotadas e de açoites que o diminui e o deforma para menos perante si mesmo; perante sua família, tão mirrada e deformada quanto ele; perante seus conhecidos e companheiros de opressão e de deformação e diante do "grande ser" que não é nenhum deus, mas outro homem de carne e osso como ele, só que este é sempre deformado para mais, não só pela maior quantidade de peso do seu estômago, como pela exacerbadamente maior quantidade de dinheiro, transmutado em bens materiais que compõem toda sua equivalência social.

Sobre esses horrores da sociedade agrária brasileira, dentre outros assuntos, Manoel Correia, ao longo de sua obra, a partir do seu marco inicial "A Terra e o Homem no Nordeste", na década de 60, vem se reportando a respeito. Não conhecemos nenhum outro geógrafo como ele, que tenha dedicado tanto tempo do seu trabalho aos problemas nordestinos, em especial àqueles voltados para o campo, o que se deve, sem dúvida alguma, a um maior conhecimento da região pelo autor.

Manoel abordou as lutas empreendidas entre os grandes senhores de terra e seus comparsas (as milícias particulares ou militares) durante o período colonial, regencial e imperial; na Primeira, na Nova e na Novíssima República; contra os índios, nos séculos XVI e XVII, principalmente, que resultou no massacre de muitos deles e contra os negros escravos, entre o século XVI e o século passado. Enfocou a resistência dos negros organizados em quilombos e os confrontos isolados, ou em grupos, que se deram entre eles, de um lado e feitores e capatazes do outro lado, representando os senhores de terras, quando os escravos se embrenhavam nas matas numa busca alucinada de liberdade. Manoel e outros autores afirmam que os negros escravos não eram dóceis. Eles não aceitavam passivamente a múltipla exploração aplicada pelos seus senhores. Muitos reagiam não só aos seus donos, como aos seus mandatários e inúmeros deles pereciam durante as lutas e os castigos infringidos. Outros deixavam-se morrer de saudade e inanição, ou atacavam e matavam seus senhores e feitores e destruíam parte dos seus bens.

Afora essas lutas que tornaram-se mais tristemente famosas, não só pelos séculos de duração, como pelo número exorbitante de índios e negros que foram massacrados e exterminados, do início da colonização até o final do período imperial, ainda houve inúmeras revoltas relativas a questão da posse da terra. Lutas que envolviam negros, mulatos, índios e brancos pobres surgidas no período regencial, momento, segundo, Manoel, em que o poder central estava enfraquecido pelas lutas entre os que queriam a volta de D. Pedro (restauradores), os que pretendiam a ascensão do príncipe regente (os chamados independentes) e os republicanos que já demonstravam força na sua organização. Manoel se reporta as principais delas: a Balaiada, constituída de três movimentos distintos ocorridos no mesmo período histórico no Maranhão e no Piauí; a Cabanada em Pernambuco e Alagoas; a do Ronco da Abelha e a Revolta do Quebra-Quilos na Paraíba, esta já no final do período imperial. Na Primeira República vão ocorrer as lutas dos coronéis com seus jagunços e o governo para combaterem a coluna Prestes. As chamadas guerras de banditismo (o cangaço) e a dos fanáticos em que Canudos, liderada por Antônio Conselheiro no Sertão baiano, ficou mais conhecida por ter sido relatada pelo então jornalista Euclides da Cunha, que deu margem, posteriormente, a várias investigações a respeito; e a do Caldeirão, nos Cariris cearenses, que de acordo com Correia, ficou bem menos conhecida por não contar com um Euclides da Cunha para divulgá-la.

Todos esses conflitos armados foram tratados por Manoel em suas obras numa descrição reflexiva, que constitui o seu método de interpretação dos fatos, o qual reflete um empirismo racionalista, comum na Geografia, mas que tem no autor em pauta a sua maior expressão no Brasil.

Herdamos, da Geografia francesa o seu método, que tem em Descartes, com seu racionalismo místico, Comte com suas leis naturais da sociedade, a sua estática social, as suas maiores referências filosóficas. Do kantismo Alemão recebemos a Geografia colocada no rol das ciências dos sentidos, uma forma de fazer Geografia em que o ultrassensível é o que importa. Manoel Correia, apesar de ter recebido, como qualquer outro geógrafo da sua época, a influência dessas escolas, soube proceder a uma leitura dos fatos sociais em que associa um pouco de historicismo e de fenomenologia racionalista, quando, com competência, parte de um fenômeno social para outro. Como exemplo podemos citar as lutas do império, tais como a Balaiada e a Cabanada fortalecidas pela fragilidade do poder central (historicismo); e a descrição dos movimentos das ligas camponesas explicada por ele, como um momento político no Brasil, em que, talvez, a democracia tenha falado mais alto no país. E como esse fenômeno, unido a um sindicalismo urbano organizado, desemboca num fato maior de tomada do poder pelos militares através do golpe de 64.

O estilo de Correia o leva a discorrer sobre os assuntos que ele seleciona para suas análises, de forma clara e objetiva, sem recorrer a subterfúgios literários ou a ideias que confundam o leitor, o qual fica sem saber o que o autor quer dizer, como infelizmente acontece com certos profissionais da Geografia brasileira, que se não deixam claras suas ideias, transmitem menos ainda o método em que estão trabalhando, já que não pode-se constatar o rigor teórico necessário à sua compreensão.

Manoel informa bem e vem formando escolas, buscando a fidelidade dos fatos e os transmitindo com um estilo que torna-se muito prazeroso de ler. Além do mais, ele procura acompanhar os movimentos de teoria e método que ocorrem no interior da Geografia com simplicidade, mas sempre trazendo um ingrediente novo. Como nenhum geógrafo brasileiro ele associa o velho ao novo e por isso é sempre atual. O seu empirismo é para nós uma associação de Leibniz e de Locke que diz "todas as nossas ideias decorrem das sensações, fontes das experiências externas ou da reflexão, fonte da experiência interna".

Quando refere-se às lutas mais recentes, que correspondem a Questão Agrária, nos últimos 40 anos é que, a nosso ver, Manoel dá a sua maior contribuição sobre este assunto, em vários dos seus livros, mas que, na nossa opinião ganha mais riqueza de detalhes na parte sobre "Tentativa de solução do Problema Agrário" em "A Terra e o Homem no Nordeste". Aí ele mostra, sem dizer, que a partir da questão central da renda fundiária, isto é, da negação do pagamento do foro[2], na qual os foreiros saíram vitoriosos com a expropriação das terras do engenho Galileia em Pernambuco para eles, desencadeou-se uma luta entre trabalhadores, pequenos produtores com ou sem terra e grandes proprietários, que tomou um vulto político inédito na história agrária brasileira – a formação das Ligas Camponesas – a qual expandiu-se não só no Estado de Pernambuco e Paraíba, como por todo o Nordeste e penetrou em outras regiões do país. Manoel descreve os fatos na sua origem até os seus desdobramentos finais que vão se dar nos primeiros tempos da ditadura militar.

Nós, como qualquer estudante de Geografia, que fez sua graduação no Nordeste (Paraíba) na década de 60, sofremos uma forte influência de Manoel Correia. Começamos a entender vários acontecimentos relativos as ligas camponesas, lendo "A Terra e o Homem no Nordeste". Vários deles nós testemunhamos em Sapé (PB), onde íamos, na década de 50, ainda menina, passar férias de colégio.

Presenciamos, em vários momentos, a ação de membros das ligas parando carros na estrada, a fim de coletarem dinheiro para sua luta e naquele instante, os adultos, que estavam conosco, nos diziam que eles roubavam porque eram maus, comunistas, e queriam tomar tudo de pessoas de bem, que trabalhavam muito para possuir alguma coisa. Nós ouvíamos demais as reclamações dos que eram "assaltados" e que se colocavam do lado do poder da terra e do governo, contra os "rebeldes sanguinários" que "matavam homens de bem e estavam trazendo intranquilidade as famílias pacatas". Em paralelo, comumente, dávamos nossos passeios pelas propriedades dos fazendeiros, em Sapé (Pb) e recebíamos muitas recomendações, antes de sairmos de casa para os cuidados que nós e nossas amigas deveríamos ter com "esses desordeiros assassinos". Primeiro, argumentavam que não devíamos ir sozinhas, mas se teimávamos e íamos, berravam: "fujam deles, são muito perigosos"! Só que, quando nos encontrávamos com alguns desses trabalhadores, no nosso percurso, caminhando com suas enxadas às costas, nos surpreendíamos: não só não fugíamos, porque não víamos perigo, como recebíamos cumprimentos respeitosos. Eles nos tiravam os chapéus e sorriam com olhar de bondade. Isso nos intrigava! Como nos diziam que aqueles homens eram tão maus e eles nos demonstravam o contrário?

Ficamos com essas indagações guardadas e só na faculdade, vários anos depois é que fomos entender o que se passava naquela época. Supomos que, aquelas experiências vividas em Sapé, fizeram brotar em nós uma vontade de ir atrás de respostas, e quando começamos a ler a respeito, fomos nos sentindo atraídas pelo assunto e ansiosas por desvendarmos outros fatos que ainda eram embaralhados na nossa mente. Hoje, temos a convicção de que, a partir daí, foi tomando forma, em nós, um embrião de pesquisadora da pequena propriedade, da pequena produção mercantil agrícola e Manoel teve muito a ver com isso, nos esclareceu nos primeiros passos. Outros estudiosos do assunto nos influenciaram depois e com o passar dos anos fomos buscando nossos caminhos, andando com nossos próprios pés e no doutorado, chegamos a algumas teses que vimos aprofundando, a partir de então.

Para tratar da problemática do campo no seu conjunto, Manoel preocupou-se, nos seus objetos de pesquisa, com a grande e a pequena lavoura, nos seus inúmeros aspectos econômico-político-sociais. Os conflitos, como já demos a conhecer, têm um grande espaço em suas obras e é importante frisar que ele não só contextualiza os problemas abordados com a conjuntura político-nacional, como procura articular a particularidade nordestina com outras áreas, por vezes fora do Brasil, há nessa forma de interpretação, um propósito de relacionar o particular com o geral fugindo assim de um empirismo de caso, de isolamento.

Como não poderia deixar de ser, já que foi no Nordeste que ele surgiu, o latifúndio como forma de propriedade mais tradicional do país, vem sendo tema de pesquisa do autor. Manoel sempre mostra a pouca vontade governamental de alterar esse tipo de propriedade, ao contrário, ele dá a conhecer como há um compromisso entre os grandes proprietários de terra e o Estado que só os favorecem. Sejam quais forem os planos de incentivo governamental ou os macroprojetos agrícolas, as múltiplas exigências dos latifundiários são atendidas: os de ordem financeira ou de ordem técnica; como construção de açudes, perfuração de poços, irrigação; política de preços dos produtos, etc. enfim, todas as iniciativas do Estado, nos órgãos que ele cria, orientados para os problemas do Nordeste, funcionam para beneficiar primeiramente e quase unicamente o latifundiário, inclusive, para ele sair do arcaísmo técnico na produção e entrar na modernidade mecânica, química e biológica. Manoel mostra bem o que são (ou foram) esses "Coronéis da terra e da política" que deram a luz as oligarquias agrárias, as quais tomam as rédeas dos rumos desse país há algumas décadas.

Não seria o caso de indagarmos: será o latifúndio no Brasil somente um tipo de propriedade ou ele não constitui as entranhas de todo o poder político brasileiro? Assim sendo, não estaríamos falando de um Estado Capitalista Latifundista? Não seria essa a peculiaridade do Estado Brasileiro? E não seria por aí que entenderíamos o chamado capitalismo lento do país, com um desenvolvimento amarrado, ligado ao pouco crescimento das forças produtivas brasileiras? Não estará o latifundismo, como instituição maior, associado à "Vontade de potência" internacional, que faz valer os seus desígnios em todo o mundo submetido, no qual o Brasil encontra-se, e é responsável pelo atraso econômico no campo, na cidade, determinando a complexidade de miséria em que vive um forte percentual da população do país? Seja a miséria que assola a matéria, o corpo, o estômago, ou a miséria da mente que adoece o corpo, aparentemente sadio, mas que torna suas energias inoperantes, para entender e interpretar a sociedade através do exercício da abstração. Se assim fosse, quem sabe, os sujeitos sociais teriam uma prática consciente e encarariam de outra forma os problemas que estão a sua volta e ele não veem.

A instituição Latifúndio do Brasil (leia-se Estado Brasileiro) é responsável por um tipo de estática social, fio condutor da omissão de uns agentes sociais e da perversão exercida pelos homens robustecidos desse pais, na sua prática de produzir a miséria em milhares de pessoas que compõem a população brasileira. O Latifúndio é maioria em todos os poderes da República: no legislativo, no executivo e no judiciário. Não são as oligarquias agrárias unidas aos grupos econômicos urbanos que os dominam? E não vamos só nos prender a um grupo ruralista nocivo que está aí, no Congresso Nacional. Estes aparecem. No entanto, a grande maioria que decide, diz respeito a grandes oligarcas, que não aparecem como tal, mas, dão suas ordens no Congresso Nacional, no judiciário e, certamente, no Palácio do Planalto. Sem contar com os mandarins da economia, que estão aonde querem, em qualquer lugar desse universo econômico globalizado e mandam mais ainda.

O Estado Latifundista brasileiro, vem impedindo, até hoje, que se faça uma reforma agrária no país. Nem mesmo é feita uma reforma nos moldes das que se realizaram em vários países, no sentido, não só de dirimir problemas sociais, como de criar embriões de capitalistas no campo, que mais tarde se tornariam pequenos e médios capitalistas agrários ao que Manoel Correia denomina de uma classe média rural.

O sentido de expansão do capitalismo diz respeito também a produção de capital que se dá, inclusive, pela via da reforma agrária e não só através de uma reprodução acrescida. Mas o poder da terra parece ilimitado no Estado Latifundista Brasileiro, paraíso dos coronéis arcaicos e dos coronéis modernos travestidos de empresários civilizados, que não deixam de ter a seu serviço, os lacaios transformados em bandidos – jagunços – para exterminarem vidas humanas quando lhes convém, como vem acontecendo, em particular, nas áreas de conflito de terra do país.

O tema de reforma agrária vem sendo tratado por estudiosos do campo brasileiro e Manoel tem muitas páginas dos seus livros sobre o assunto. No final dos anos 70, o temário aparece ainda de forma acanhada, para ganhar força nos anos 80. Clamava-se por uma reforma baseada no Estatuto da Terra do governo militar. Que ela fosse implantada como um primeiro passo, e Manoel, no seu livro "Latifúndio e Reforma Agrária no Brasil", de 1980 interpreta vários artigos do Estatuto e mostra a viabilidade de sua implementação, desde que o Estado assumisse, de fato, o compromisso. O autor aponta, como ainda nos anos 50, em Pernambuco, durante o governo Cid Sampaio e com Miguel Arraes, na prefeitura do Recife, algumas iniciativas, no sentido de uma reforma no campo, foram executadas. Com a ascensão em 1963 de Arraes ao governo de Pernambuco, mais alguns passos foram dados, tais como a "Assistência Creditícia agronômica" e a organização da comercialização da produção para os pequenos produtores intitulados Grupo Executivo da Produção de Alimentos (GEPA) e da própria Companhia de Revenda e Colonização (CRC) criados no governo Cid Sampaio. *"O GEPA em convênio com o Banco do Brasil e diretamente ligado ao gabinete do governador levava o crédito agrícola aos pequenos agricultores a juros oficiais"* (op. cit. 79). Só que Arraes passou somente 13 meses à frente do governo pernambucano. Ele foi afastado quando os militares deram o golpe e instalaram a ditadura no país.

O exemplo das iniciativas governamentais em Pernambuco, relatadas por Manoel Correia, tem a importância de corroborar o que em tese nós sabemos: mesmo sem pensar numa revolução agrária como queriam as Ligas Camponesas, uma reforma poderia ser efetivada, mas nem isso o Estado Latifundista vem permitindo. O que ele realiza são engodos de Reforma Agrária, com minúsculos assentamentos de terra aqui e ali, os quais atendem a poucas famílias, enquanto há um universo carente à espera. No entanto, é colocado nos veículos de informação do país, principalmente a televisão (a serviço do Estado) que a Reforma Agrária está em andamento, como fez o atual Sr. Presidente da República a umas três semanas atrás aqui no Nordeste[3]. Só como exemplo, no RN há milhares de trabalhadores sem terra. Ultimamente foram assentados 411, e há 11 áreas de desapropriação para 27 mil famílias[4], daí o movimento dos Sem Terra não esperar. Os trabalhadores ocupam as terras em vários locais do país para forçar o governo a negociar com eles pela sua permanência nelas, mas nem sempre conseguem, são expulsos pela polícia militar, ou literalmente excluídos (leia-se, assassinados).

Os trabalhadores sem terra de um modo geral (não só os integrantes do Movimento Sem Terra), entendem que não adianta somente conseguirem a posse da terra. É fundamental que lhes seja dado condições de produção e comercialização, daí sua bandeira de luta incorporar a conquista de terra a uma política dos preços dos produtos agrícolas, preços de insumos, uma política de comercialização para que não continuem tragados pelos diversos agentes de intermediação, inclusive aquelas institucionalizadas pelo Estado – as Centrais de Abastecimento. Lutam por eletrificação rural, por agrovilas, escolas, enfim, eles querem que seja instalado uma infraestrutura, de fixação do homem no campo que não o obrigue a perambular de um lado para outro, a cata de um magro salário nos momentos de semeadura e de pico da safra dos produtos agrícolas, em propriedades de médios e grandes empresários agrícolas, como acontece hoje não só no Rio Grande do Norte, mas em todo o país. Nos períodos de entre safra, a cada ano, os trabalhadores ficam sem ter aonde ir buscar trabalho e são obrigados a se amontoarem na periferia das cidades fazendo biscates para sobreviverem de qualquer jeito.

Quando Manoel critica o binômio latifúndio-minifúndio, refere-se a exorbitância de terras para poucos e a rarefação de terras para muitos e ao mencionar a necessidade de ser feita no país uma reforma agrária, ele está tratando, entre outros pontos, de uma distribuição mais equitativa de terra, para aqueles que não têm nada.

Como já vimos fazendo alusão, no centro da questão agrária brasileira está o componente terra, que não é só natureza, mas elemento social também, por corresponder a dinheiro, como qualquer outra mercadoria que se compra e vende e é esse caráter mercantilista da terra que denomina-se, nessa sociedade, de renda fundiária. Portanto, esta constitui-se no cerne do problema agrário e em muitos momentos do seu trabalho, Manoel fala da importância da renda da terra para os grandes proprietários agricultores, que no Brasil reúnem a um só tempo o lucro, enquanto donos dos seus empreendimentos agrícolas e renda fundiária, como "prêmio" por deterem o monopólio privado capitalista da terra, a qual não deixa de ser um tipo de lucro. É um lucro remanescente, uma forma de mais-valia extraordinária, já, que numa linguagem marxiana o lucro médio seria a forma normal de mais-valia. Mas essa feição da renda fundiária não é a mais acintosa, porque ela surge numa relação social de produção, numa atividade produtiva. A mais perversa é a renda que o grande proprietário tem garantida sem mexer na sua terra, sem utilizar a sua caraterística natural, que é a fertilidade, para através do trabalho, produzir alimentos ou matéria-prima agrícola. Esta renda advém da legalidade dele deter grandes extensões de terra, ela é paga aos grandes proprietários pelos trabalhadores dos diversos setores da economia – estamos nos referindo a renda fundiária capitalizada. Esta talvez seja a face mais cruel da renda fundiária capitalista; a terra guardada como reserva de valor; e o Brasil é o paraíso desse tipo de terra de exploração, onde grandes conglomerados econômicos transnacionais são os donos das maiores extensões de terra do país. Será que eles não têm seus representantes nas instituições formais do Estado brasileiro? Nos executivos das diversas instâncias? Não contam com um grande peso no legislativo municipal, estadual e federal e nos vários níveis de jurisdição? Por aí dá para se entender porque o Estado brasileiro é tão especial: um Estado Capitalista Latifundista Multinacional. Não é bem gerenciado pelas instituições governamentais os negócios dos donos do poder e da terra? Aqui vale citar uma passagem sobre o Estado capitalista do "Manifesto Comunista" de Marx, que está em desuso para alguns, mas para nós, em muitos aspectos, continua atualíssimo. "E um comitê para dirigir os negócios comuns de toda burguesia".

Os Sem Terra estão por aí em cada canto do território brasileiro, clamando por terra para trabalhar no campo e para erguer suas moradias no campo e na cidade. Então perguntamos onde está a terra dos brasileiros? Não existe! Os oprimidos não têm terra nem pátria. Pela opressão, eles são universais. Em qualquer lugar do mundo, eles se assemelham e os afortunados possuem terras e moradias sofisticadas em tantos lugares, quanto o seu dinheiro possa comprar. A pátria deles é o mundo do consumo, dos seus bens materiais; é qualquer lugar do planeta, onde eles compram não só o substrato físico, mas o que está sobre ele. O dinheiro determina a sua vontade, o seu poder de compra. Já se afirmou muito que o capital não tem pátria, dada a sua mobilidade, nós mesmas nos apegamos a esse jargão! Hoje pensamos o contrário, ele tem quantas pátrias quiser é só se instalar. O despossuído é que não tem nada e ainda é assassinado pelo contraponto de sua vida, – os opulentos, que fabricam todas as carências daquele e a sua morte; rouba-lhe a pátria e sua vida.

Para terminar, só mais algumas palavras sobre a pequena produção que, como afirmamos anteriormente, vem sendo alvo de preocupação de Manoel Correia.

A pequena produção estava fadada a desaparecer com o desenvolvimento do capitalismo, segundo os estudiosos do assunto, no século passado. Todas as ortodoxias eram unânimes em afirmar que os seus dias estavam contados;

no entanto, ela vem se mantendo e sendo recriada e nas portas do século XXI ela representa a antítese do que era considerada até o início desse século. Ela tornou-se a grande saída para o capital no campo, "a galinha dos ovos de ouro", como dizem alguns autores.

O empreendedor urbano, que também quer lucros na agricultura não precisa preocupar-se com os riscos do cultivo agrícola, dado os imprevistos da natureza que, aqui, acolá, surpreende e pode jogar toda uma safra no lixo, apesar da tecnologia agrícola está bem desenvolvida e das descobertas científicas virem contribuindo muito para transmutar certas determinações naturais no ciclo de plantas e de animais comestíveis. Assim sendo, tornou-se pouco rentável, em alguns casos, para o empresário dar continuidade ao processo acumulativo na agricultura. Por isso, como já demos a conhecer anteriormente, várias nações fizeram suas Reformas Agrárias. Além de se "preocuparem" (os EUA, em particular) em implementar projetos como o "Agribussinesse" e a tomarem iniciativas tipo a "revolução verde" em vários países da Ásia e da América, nesse caso, também, com a finalidade até a década de 70 de evitar a "revolução vermelha". Nenhuma dessas iniciativas têm caráter transformador, ao contrário, promovem mudanças no sentido da manutenção do "status quo". Com relação as Reformas Agrárias realizadas nos diversos países, os governos souberam racionalizar com muito mais eficácia, dentro do sistema, a sua economia agrária.

Os grandes empresários agrícolas, a partir da Segunda ou terceira década desse século, mudaram seus locus de interesses e seus negócios, passaram a ser urbanos, onde as certezas de lucros são bem maiores e encontraram uma forma de continuarem extraindo lucros da agricultura sem moverem uma palha, através, principalmente, dos chamados projetos de integração entre a grande empresa e a pequena produção agrícola. Os produtores da unidade econômica familiar transformaram-se em verdadeiros funcionários externos das empresas as quais estão ligados. Elas lhes garantem assistência agronômica completa, são avalistas de seus empréstimos bancários para custeio, e, ou adiantam dinheiro na entressafra do produto, para tirar-lhes, momentaneamente, do aperto; lhes "dão" alguns insumos, tipo sementes, e os produtores "só têm" que entregar toda sua safra aceitando a total exigência da empresa.

Fizemos uma pesquisa direta na fumicultura em Canta Catarina no município de Tubarão, onde, através de cálculos sobre as horas de trabalho dos membros das famílias envolvidos nas tarefas, das diversas fases do cultivo, e o rendimento em termos de volume de produção e o ganho líquido dos produtores, chegamos ao conhecimento do volume de trabalho de graça que as empresas tabagistas extorquem desses trabalhadores. Trabalho materializado principalmente no fumo de "primeira", que é todo exportado pelas empresas fumageiras e sobre o qual só recai 8,5% de imposto referente ao ICMS. O trabalho na empresa com as folhas do fumo é só de estocagem, embalagem e deslocamento. A assistência técnica que as indústrias de fumo dispensam aos produtores objetiva em primeiríssimo lugar que eles produzam, não qualquer tipo de fumo, mas fumo de "primeira", já que é nele que recai os seus altos ganhos; e o expediente que as indústrias lançam mão, para ludibriar os pequenos produtores é lhes enganar na classificação do produto. Em outras palavras, as empresas fazem o que querem com os fumicultores, quanto a usurpação da sua mercadoria, relativo a sua quantidade e a sua qualidade, através dos seus funcionários, responsáveis pela pesagem e classificação do fumo. Estes afirmam para o fumicultor, que o fumo de primeira é de outra qualidade – as firmas tabagistas têm até 42 tipos de classificação para o fumo, que são estabelecidos por um órgão do Ministério da Agricultura – se os produtores não aceitarem, ficam sem vender sua mercadoria, uma vez que há um acordo entre as empresas fumageiras de só comprarem fumo dos seus "integrados".

Os plantadores de fumo reclamam, revoltam-se "por dentro" como alguns nos disseram, mas não têm o que fazer. Sabem que são enganados e não têm a quem recorrer. Segundo depoimentos de quase todos os entrevistados, o Sindicato dos Trabalhadores da Agricultura de Santa Catarina está do lado das indústrias de fumo. Os fumicultores até tentaram fazer uma greve em 89 para elevar o preço do fumo. Acamparam no pátio da Souza Cruz, mas foram desmoralizados. Após tentativas de negociações entre seu representante e um funcionário da empresa, que a representava, este mandou um recado, no qual dizia que os agricultores desocupassem o pátio, senão os caminhões da empresa passariam por cima de suas barracas, caso eles estivessem nelas, ou não; e com esse recrudescimento, os fumicultores viram-se obrigados a se retirarem sem conseguir qualquer resultado para si.

Mais do que qualquer outro entendido no ramo, os produtores de fumo sabem o que é fumo de primeira, de segunda e de terceira (para eles a classificação é só essa) e o maior percentual de sua produção é do chamado fumo "nobre". Eles cultivam o fumo com todos os cuidados técnicos para o resultado ser, na sua maioria, de "primeira" e na hora de entregarem a safra, o responsável pelo recebimento diz o contrário e a palavra da empresa é que vale. Só um exemplo: para 15 toneladas de fumo, dez são de primeira, mas os classificadores afirmam ser só 6 ou 7 e assim o trabalho do pequeno fumicultor é tragado pela empresa tabagista e a partir dela pode ser dividido, por transferência, para outras empresas com quem as indústrias fumageiras negociam, visto que, o circuito é longo, sem falar nas casas bancárias e de insumos que levam também parte do trabalho do fumicultor. Isto só não ocorreria se o preço do fumo sofresse reajustes compatíveis com a elevação dos juros bancários e dos preços dos insumos agrícolas. A verdade é que os pequenos fumicultores são depenados pelas diversas instâncias do capital.

Durante a safra de fumo, que dura seis meses, a média de trabalho diária por trabalhador é de 16 horas; no período da colheita e da secagem alguns membros da família chegam a exorbitância de trabalharem mais de 20 horas/dia porque têm que vigiar as fornalhas nas estufas, senão as folhas correm o risco de queimar, se a temperatura elevar-se muito. Na época da pesquisa fizemos uma comparação do ganho de cada fumicultor, por hora de trabalho, com o ganho de um trabalhador de salário mínimo, também por hora de trabalho e a diferença foi em média de 11%. Se os fumicultores têm uma situação social melhor do que a dos trabalhadores que recebem salário mínimo é porque os primeiros trabalham até o limite de sua resistência física e as empresas tabagistas ainda os estimulam a comprar eletrodomésticos em lojas ligadas a atividade do fumo, que vendem insumos. Elas oferecem vantagens com venda a prazo. E mais, as indústrias tabagistas inovam programas para os seus "funcionários externos" trabalharem os outros seis meses do ano, após a safra de fumo, no cultivo da batatinha, milho, feijão, arroz e de praticarem a pecuária leiteira, não para subsistência somente, mas para venderem também.

O dinheiro vindo do trabalho do fumo deve orientar-se, principalmente, para os fumicultores adquirirem "status", quer dizer, terem casa boas, bem equipadas e ainda disporem de um pequeno transporte. Com isso, eles ficam satisfeitos por terem uma vida melhor do que a de outros agricultores de pequeno porte. Diante desse fato, qualquer um pode perguntar "mas isso não é bom para o pequeno produtor, que pode desfrutar de uma vida com maior conforto, além de contar com a garantia de uma empresa forte ao seu lado? Respondemos com outras perguntas: a aparência basta para o pesquisador? Não é necessário entender que a produção de trabalho excedente é exacerbada nessa atividade e que certamente o trabalhador do fumo só fica com a parte necessária de uma jornada de trabalho normal? Com relação as horas-extras, se ele apoderar-se de parte de seu trabalho excedente (o que não acreditamos que aconteça), ela não é ínfima em relação a fração que as indústrias tabagistas levam?

Dessa feita, confirma-se nessa pesquisa, uma tese que defendemos em 87, estudando os pequenos produtores de banana e de jerimum de duas localidades do Rio Grande do Norte, sobre "a alienação do trabalho na pequena produção", em que o estranhamento, que é a essência da alienação, confunde-se com o reconhecimento do produtor perante o que produz. Como qualquer trabalhador assalariado de um empresário agrícola, que sabe o que está produzindo, mas não reclama a propriedade do seu resultado porque não lhe pertence, o pequeno produtor proprietário sabe o que planta e reconhece-se no resultado do seu trabalho. Nesse momento aparece a diferença porque ele quer esse resultado nas suas mãos, tem direito a ele; o reclama para si, no entanto, não fica com ele. Os intermediários capitalistas comerciais, não deixam; lhes pagam o que querem.

Na fumicultura, como já abordamos acima, as empresas tabagistas também pagam o que querem, aos pequenos produtores, pelo principal produto comercial, que eles cultivam, isto é, têm um procedimento semelhante ao do comerciante intermediário. Há no processo de trabalho dos pequenos produtores um estranhamento embutido num falso reconhecimento.

No caso da investigação realizada na fumicultura catarinense procuramos compreender em que resultaria a existência da alienação do trabalho na pequena produção e chegamos a outra tese "a pequena produção agrícola valoriza o valor capitalista às portas do século XXI".

São de espaços como esses e outros semelhantes, no âmbito da terceirização por ex., que sai o trabalho vivo tão necessário à manutenção do sistema. Enquanto houver espaço para o trabalho vivo ser extraído, o Modo de Produção será o mesmo de hoje – Capitalista. Na atualidade, o trabalho vivo é muito mais tirado dessas relações do que das chamadas relações genuinamente capitalista. Esta denominação torna-se confusa, para nós, nos dias de hoje. Enxergamos, a relação dos pequenos produtores com os seus "integrados"; de pequenos produtores com agentes intermediários da comercialização; de pequenos produtores de tomate, uva, laranja, etc., com as indústrias alimentícias, para as quais eles fornecem os seus produtos, tão capitalista como a clássica relação capital X trabalho; patrão X empregado; trabalho morto X trabalho vivo. Só que nessa relação "pós moderna", a que estamos nos reportando, não há relação Kc X Kv. A composição orgânica do capital fica mutilada e o capital se reproduz com mais força com a dispensa do capital variável.

Noutras palavras, a reprodução do MPC dá-se muito mais pelo avanço da extração do trabalho vivo nos chamados setores atrasados ou arcaicos do que na contra partida "pós moderna" da informática, da robotização, etc. Outro aspecto a considerar é que no reduto do povo, que tem um ganho para se reproduzir, seja no chamado mercado formal, ou informal, reside a forte massa de consumo, a qual constitui-se na segunda força para o capital se expandir.

Por tudo isso, aqui colocado, não temos dúvidas em afirmar que a maioria das terras da pequena produção são terras de exploração; de trabalho alienado; rompendo, assim, com certa convenção que existe entre alguns estudiosos do campo brasileiro. Eles afirmam que terra de exploração é aquela trabalhada pelo trabalho assalariado e que a terra do pequeno produtor proprietário é terra de trabalho. Quer dizer, o primeiro tipo é terra de trabalho para o outro, de trabalho alienado, portanto; e o segundo tipo é de terra de trabalho para si, sem alienação. Como? Se, só na aparência o pequeno produtor está trabalhando para si? É como diz Shanin *"o pequeno produtor não passa de um mero cumpridor de ordens do sistema"* e a ordem é dar trabalho de graça para quem tem dinheiro com a conotação de capital.

É importante se entender que a terra é um meio pelo qual o capitalista coloca a força de trabalho em funcionamento para lhe dar lucro, seja trabalho assalariado ou familiar, pouco importa.

Por essa razão afirmamos, para encerrar, que a função social capitalista da terra, nesse país, é muito bem cumprida: terra de exploração, de trabalho alienado.

É como diz Manoel *"para o Nordeste desenvolver-se é necessário uma política popular"* e nós acrescentamos, não só para o Nordeste, mas também para todo o país.

Notas

[1] Trabalho apresentado na mesa redonda sobre "A Questão Agrária" na Jornada "Manoel Correia de Andrade"; Natal, junho de 1995.
[2] Pequeno arrendamento pago por partes dos pequenos produtores do engenho Galileia, aos proprietários de terra.
[3] Junho de 1995.
[4] Dados coletados junto à Fetarn.

O NOVO BRASIL AGRÁRIO: MODERNIZAÇÃO SEM MUDANÇA?[1]

A loucura da lucidez transcende os limites da "gaiola".

O novo e o velho no Brasil caminham juntos, tanto no campo como na cidade. O novo é aqui concebido, não só no que diz respeito a aplicação na atividade agrícola, das inovações técnico científicas, como também de todas as iniciativas sócio econômicas que modifiquem as relações sociais no campo. Este novo deveria estar voltado à uma melhoria no nível de vida dos moradores do campo. Outrossim, como estamos numa sociedade estratificada, a reprodução social ampliada, de um modo geral, existe para uma minoria, que ocupa os altos estratos da sociedade, enquanto os estratos inferiores, (no caso particular aqueles a quem estamos nos referindo) formados pelos pequenos e micro produtores agrícolas e suas famílias, os trabalhadores assalariados e os componentes do trabalho alugado[2] vêm amargando uma reprodução raquítica, que os deixam menores, perante si mesmos e os outros, os quais situam-se acima, deles, na pirâmide social da equivalência econômica.

Queremos nos deter, um pouco, antes de adentrarmos na temática da mesa redonda, no conceito que transita nos meios científicos-acadêmicos sobre reprodução social, uma vez que, iniciamos nossa exposição falando dela. A reprodução social, de um modo geral, é imediatamente associada, de um lado a reprodução simples da força de trabalho e num outro polo a reprodução exacerbada das elites. Consideramos, além desses extremos, os níveis intermediários de reprodução social, acima do necessário, básico, que pode, em vários casos, atingir uma reprodução acrescentada de médio e alto porte, ligada a remuneração de força de trabalho especializada, quer no nível técnico-manual, do executivo-administrativo, ou na especialização intelectual. Seja qual for o caso, o parâmetro econômico vem sendo o único considerado: remuneração X consumo. Se o trabalhador é bem remunerado, reproduz-se com uma equivalência econômica mais alta, caso contrário, não. Enfim sua equivalência social será sempre proporcional aos seus ganhos, como trabalhador.

Na nossa concepção atual, reprodução social é mais do que reprodução física. É mais do que o trabalhador ter uma remuneração, que lhe ofereça condições de satisfazer suas necessidades animais, ou mesmo aquelas próprias da fantasia consumista.

Reprodução social é reprodução da vida do indivíduo em sociedade. De uma sociedade que une e separa a um só tempo, pelos ditames de sua essência contraditória. Na sua instância de dominação econômico-político-ideológica a sociedade capitalista nega a humanidade do trabalhador e o automatiza, quer como coisa mercadoria, ou como suporte dela; ou como autômato consumista. É preciso o pesquisador social investigar a sociedade com clareza. Ela não é vista de cara, por isso tem que ser pesquisada, questionada. Deve-se procurar descobrir o indivíduo trabalhador, também na sua espiritualidade, no seu psiquismo, na sua emoção, no seu caráter estético, criativo e educacional; e porque não dizer, na sua natureza inorgânica, que lhe é pouco conhecida. Fazê-lo pensar na sua desumanização (no fazer-se histórico até nossos dias) e na construção de sua humanidade que imprescinde da ação de sua capacidade criadora, para que ele crie beleza, o que se dá pela educação, pela cultura e pela arte. Não a arte consumista, mercantil, que também escraviza, mas aquela que liberta; que se expressa como momento maior de sua natureza inorgânica.

Aspectos que dão forma a sua imaginação criativa, que satisfazem sua emoção mais guardada, que realizam sua espiritualidade. Essas atividades (arte, cultura, educação) podem tornar o homem menos deformado e desumanizado na sociedade; retirá-lo, em parte, da escravidão do trabalho alienado e do dinheiro. Da forma como o homem vem se repetindo no seu dia a dia, como coisa que trabalha ou como pessoa que consome, é subtraído de si mesmo, mutilado, o que lhe dá uma existência incompleta[3].

A realidade brasileira nos mostra, que o oprimido do campo não é sequer satisfeito nas suas necessidades primárias. Alimenta-se mal ou muito mal, veste-se precariamente e não mora, só abriga-se[4]. Sua alimentação é rarefeita no que diz respeito aos nutrientes fundamentais à reposição da força de trabalho; seu vestir, em particular, nas regiões frias do país, durante o inverno, é pouquíssimo adequado. Por tudo isso, nós não podemos falar em sobrevivência do homem do campo (e da cidade) pertencentes as classes subalternas e sim numa subvivência. Não é vida o que eles têm, mas uma subvida[5].

Desde os primórdios da história desse país os trabalhadores do campo sempre tiveram uma parca alimentação e abrigos rudimentares e tal situação amplia-se cada vez mais. Perguntamos, então, onde encontra-se o novo? O que há de novo é a degradação do velho e nada além disso. Para os poderosos da era da globalização, é como se ela fosse uma etapa marcada pela homogeneidade. Nunca tantos desfrutaram das glórias das invenções tecnológicas e científicas, mas não veem que o contraponto é cruel, jamais o mundo teve tantos miseráveis, e em nada mudou os níveis da balança do universo capitalista. Não há homogeneidade social e sim hierarquia. Para o "estabilishment" existem os que têm e os excluídos, e estes estão descartados. Mas não é tão simples assim. Os excluídos, fazem parte da hierarquia social e preferimos dizer que a situação de disparate social brasileira é uma questão de classes. Digamos, outras classes, não mais as classes convencionais abordadas pela economia política clássica marxista, em que o primado da consciência de classe fazia a classe, hoje ela é determinada pela equivalência econômico-financeira dos indivíduos na sociedade. Isto é, a classe é composta por indivíduos de acordo com o montante em dinheiro que cada um deles tem para efetuar suas trocas materiais.

No topo da pirâmide de equivalência social está a classe dos que têm muito o que trocar e por isso não têm limites no mercado e detém o maior poder monetário, econômico e político. Abaixo do topo está a classe dos que mantém uma distância de equivalência com a classe mais alta, mas que fazem suas trocas sem preocupações monetárias; pertencem ainda a um ambiente de luxo. Logo em seguida estão os que têm uma equivalência mediana, que dá para garantir suas necessidades de sobrevivência como gente, inclusive com direito a um lazer consumista. Aproximando-se da base da pirâmide, encontram-se os de equivalência média-baixa, aviltados por uma repressão às avessas, realizada pela mídia, que recheia o imaginário do coletivo, que compõe essa classe com a "necessidade" de consumo de bens para lhes assegurar conforto. Esta é uma classe com muitas preocupações monetárias, seu poder de compra vem minguando muito com as crises econômicas. Os indivíduos de baixa equivalência são os antepenúltimos na hierarquia de equivalência social; eles basicamente tem dinheiro para trocar por comida de baixo custo, por moradias simples e entram no consumo de roupas e eletrodomésticos "empurrados" pelo marketing "pós-moderno" que alimenta suas fantasias de compras a crédito e frequentemente os tornam inadimplentes. Os penúltimos da pirâmide de equivalência social têm uma equivalência muito baixa; seus ganhos financeiros lhes dão direito só de consumir qualquer coisa. Alimentam-se mal, vestem-se mal, moram precariamente, "subvivem de algum jeito". Eles constituem a semibase da pirâmide, social; já esta, a base é feita pelos que consomem eventualmente, vivem de restos do consumo social; sua equivalência não transparece, é como se não a tivessem, são os chamados excluídos sociais que subvivem de qualquer jeito[6].

As duas últimas classificações são o sustentáculo maciço da pirâmide social brasileira que em contrapartida compõem a sua forte fragilidade; localizam-se nas ruínas das precárias condições de vida. E são esses dois grandes grupos que acabamos de relacionar, a grosso modo, na hierarquia e sub-hierarquia social do país, que dominam o campo brasileiro (e a cidade também). Isto é o novo que nasce do velho – a degradação sem limites. É algo que está muito aquém do que se conceberia, pelo que é conhecido, como reprodução social mesmo.

Fazemos aqui um parêntese para uma rápida digressão do que, no nosso entendimento, é reprodução social na acepção máxima do termo, para fazermos um paralelo mais cru entre o que deveria ser e a nossa realidade. A realidade de uma sub-reprodução acintosa no campo brasileiro.

Quero destacar a importância de se pensar o homem na sua potencialidade atual de existir como gente (não me refiro a utopia de um homem pleno, que ainda está distante de ser alcançado) e não na sub-humanidade, de sua vida. Se a natureza animal humana é superior a de qualquer outro animal não podemos falar em reprodução de sua vida só no que refere-se a sua reprodução animal que satisfaz a sua natureza orgânica. Há no homem, como já demos a conhecer, a dimensão inorgânica que está nele e flui do seu corpo. Corresponde a sua emoção, ao seu psiquismo, a sua atividade cognitivo-reflexiva, a sua alma e existe algo que faz dele um ser realmente superior, contido nessa natureza inorgânica: a arte de criar o belo e a sensibilidade de contemplá-lo, produtos de sua essência estético-criadora. Só que não há um divórcio entre a natureza orgânica e a inorgânica; a articulação das duas deve constituir a materialidade da vida humana, expressas no seu fazer, sentir, querer, construir, etc. Se assim não for, se não houver essa relação, só existir alguns anéis dispersos de uma natureza com a outra, a sua existência é rarefeita.

Acontece que na sociedade em que vivemos o homem é impingido a fazer o que o sistema quer em qualquer esfera: na produção, na circulação, na troca, no consumo; no setor privado e no público. Uma obrigação não susceptível, de conscientização, contida no sujeito coletivo que toma conta das mentes individuais. O sonho de cada um sempre estará preso a propriedade de algum bem que ele ainda não possui. É um sonho tutelado pelo consumo. O sonho de "ter" não dissociado da sociedade do ter. E se perguntarmos qual a aspiração, sonho, desejo de indivíduos da mais variada tipologia social, ele sempre referir-se-á a algo que "deseja" adquirir[7].

O importante, portanto, é ter, para atender as exigências exógenas e mostrar para o outro, que tem um bom mundo de aparência. É isso o que nos ensinam todas as sociedades em todas as realidades históricas. Ou então, num outro extremo estão os praticantes religiosos, os fanáticos, com suas crenças arraigadas, com uma força tão poderosa que arranca-lhe até o sentido de uma luta pelo ter, num processo de negação de vida e aliena-se nessa força. São raros os que cultivam o saber como um dos pilares precípuos de sua existência e vão em busca do conhecimento (sem pedantismo), trabalhando, assim, o seu espaço endógeno, o qual, exigirá dele um pensar construtivo rumo a descobertas e autodescobertas. Assim procedendo ele criará o novo, não só para ele, nem para socializá-lo com mediação; mas exercitará uma criação que venha do seu "eu" maior e que ele possa socializar o seu resultado, desprovido de qualquer fetichismo, numa troca sem desigualdades.

O que temos nos dia de hoje, em termos de descobertas científicas, inventos tecnológicos, criações artísticas passam também a pertencer ao mundo das mercadorias, e como tal têm sua contrapartida monetária.

Diante desse breve exposto parece que há um forte distanciamento entre a vida mutilada do homem: o que tem suas necessidades e pelo menos parte dos seus sonhos consumistas satisfeitos e o homem inserido nas suas potencialidades endógenas. A reprodução social hoje dá-se como vem acontecendo sempre. De forma dúbia, dupla, ambígua, múltipla, contraditória, recorrente,porque o homem é tudo isso a um só tempo, ele simplesmente "é" e "não é".

A reprodução não contraditória está no devir; na reconstrução do espaço endógeno, na qual as energias humanas formam o que ele quer. Assim ele reproduzirá um espaço exógeno sem estranhamento, com consciência; criará uma sociedade diferente onde ele não só troque mercadorias, mas emoções, afetividade, beleza. Elementos de sua instância criadora materializados no que ele faz com as mãos e com o espírito. Fazemos questão de insistir que não estamos tratando de uma utopia abstrata. Pode ser uma utopia no sentido de que é algo maior do que nós temos, mas que é possível. E também não estamos sugerindo que a reprodução social em sentido amplo caia de paraquedas numa outra sociedade. É uma reprodução social dos indivíduos, que certamente constituirão uma outra sociedade, na qual, durante muito tempo, as trocas alienadas com estranhamento, porque mediadas, que são as que garantem ainda a equivalência social de hoje, caminhem ao lado das trocas não alienadas, a qual, como já dissemos, vêm da essência mais substancial do homem, a partir do seu cultivar por dentro, de sua busca pelo seu desconhecido, que ele trará gradativamente para o seu espaço exógeno como resultado do seu trabalho criativo. Esse, quem sabe, será o primeiro passo para o homem chegar a equivalência do ser em detrimento do que vem dominando a sociedade até hoje: a equivalência do ter.

De um modo geral todos nós estamos distantes dessa reprodução social, aqui digressionada, já que nos bastamos com uma reprodução em que o prazer advém da satisfação das nossas necessidades bestiais. A diferença está num escalonamento da realização dessas satisfações atreladas ao nível social de cada um.

Voltando a nossa questão do campo, após essa rápida incursão nas classes sociais e reprodução social, procuramos agora relacionar um pouco o que foi falado, com o que existe no universo agrário brasileiro, e insistimos em afirmar que ele é povoado, na sua maioria esmagadora, pelos componentes das últimas classificações da hierarquia da equivalência social e que a sua reprodução social é muito frágil. Só para ilustrar, com alguns exemplos a reflexão social aqui expressa sobre a ausência do "ser" na reprodução e dela ser produto do "ter", recentemente andamos conversando com alguns pequenos produtores assentados no município de Açu (RN) e depois deles nos relatarem suas dificuldades para o plantio e venda dos seus produtos – algodão herbáceo (principal cultura comercial), feijão e milho indaguei-os sobre o que eles mais pretendem na vida. Lógico que eles responderam que desejavam ter mais terra "boa" (que significa ter maior fertilidade do que as suas terras de tabuleiro), melhores condições para cultivarem e comercializarem seus produtos sem dificuldades; de terem agrovilas no local onde vivem, porque acham importante o convívio com os outros e de terem moradia decente. Querem também escolas nas redondezas, para seus filhos estudarem; luz elétrica em casa (só há eletricidade na "rua" na área comum), etc. Responderam dentro do que eles acham fundamental para terem uma vida decente. Quando perguntamos se não achavam importante terem uma área comum para se divertirem, fazerem festas comunitárias, ou de ser construído galpões para algumas atividades, em grupo, ligadas a arte eles diziam "que podia ser bom", mas de uma forma um tanto distante. Em seguida especulamos perguntando: "Imagine que você tem tudo isso que falou, nada lhe falta dentro do que foi mencionado aqui, o que você desejaria, com que sonha"? Eles pensavam e diziam "ter uma televisão grande para me distrair bem", "ter um carro para passear com meus filhos", "ter uma casa maior com geladeira e tudo". Enfim, cada um buscava na sua mente a procura de um objeto de consumo que satisfizesse seu sonho. Essas respostas mostram bem que o consumo, como não poderia deixar de ser, perpassa todas as suas aspirações. E se perguntarmos, como já demos a entender, a qualquer pessoa de outro nível social o que elas mais desejam, a resposta será por aí. Agora, nesse momento de supercrise (já que estamos em crise há várias décadas e elas vêm se agudizando nos últimos anos) a resposta do desempregado seria ter um emprego; do sem terra, de ter terra com implementos agrícolas e formas de produção e comercialização etc. Até entre nós que nos atribuímos politizados a resposta, certamente, seria "ter isso ou aquilo".

Caminhando agora para o complemento do tema dessa mesa, modernização, sem mudança? Não achamos que ela não traga mudanças. O importante é enfocar que mudanças são essas e quais as determinações sociais que elas trazem. De início é preciso frisar que a modernização do campo manifesta-se por meio de vários rostos: agroindústria, construção de hidrelétricas (que vai servir mais a cidade do que ao campo) construção de açudes, barragens, com vistas a irrigação (no nordeste principalmente); canalização de rios, assoreamentos; o Agribussinesse, que trouxe a integração entre a empresa multinacional e a pequena produção agrícola; a valorização capitalista pela pequena produção; a inversão na forma de arrendamento. Esses são alguns aspectos que relacionamos, mas certamente devem existir outros.

É comum levar-se em conta que modernização no campo prende-se aos inventos técnico-científicos, frutos do desenvolvimento das forças produtivas sociais para a agricultura, determinando o aumento da produtividade social do trabalho. Ela é bem mais ampla e é claro que qualquer tipo de modernização promove mudanças, que frequentemente materializam-se em custos sociais muito altos. A modernização técnico-científica está ligada, na nossa opinião, a agroindústria que tem um sentido duplo: consta de dois polos que podem se articular ou não.

Num polo estão os produtos que saem da produção de um tipo específico de indústria urbana e o seu mercado de consumo é a agricultura. São produtos orientados para a atividade agrícola, empregados na produção, quer como implementos, quer como insumos. E no outro polo estão os produtos oriundos da agricultura que entram como matéria-prima de um tipo específico da indústria alimentar, têxtil, de óleos industriais, etc. Segundo esse raciocínio temos em conta que a agroindústria corresponde a relação entre indústria e agricultura e vice-versa e não só como é convencionalmente tratada, considerando só o carreamento de produtos agrícolas para a indústria. Em ambos os polos da agroindústria a característica comum é a orientação do produto: o consumo produtivo. De um lado estão os produtos agrícolas e do outro os produtos industriais. Talvez a primeira articulação entre agricultura e indústria tenha sido no polo indústria-agricultura, desde que concebamos que os instrumentos agrícolas mais rudimentares saíram de um processo produtivo manufatureiro (enxadas, enxadões, facões, arados, etc.).

A partir do século XVII, com a revolução agrícola na Europa, quando houveram os primeiros inventos relativos a máquinas agrícolas, a aproximação da agricultura com a indústria de implementos torna-se manifesta. Aí foi dado o primeiro passo para a modernização técnica na agricultura. As criações vão se aprimorando nesse campo, e progressivamente mais máquinas ao lado de insumos produzidos são utilizados na agricultura e esta passa a ser um complemento, pelo consumo da atividade produtiva industrial para gerar em maior escala, produtos agrícolas: o setor produtivo da economia industrial/agricultura complementa-se pelo consumo produtivo. Só que a dependência da agricultura com a indústria é mais forte do que o inverso. Toda a atividade agrícola depende de certo tipo de indústria e não o contrário.

O segundo polo da agroindústria (a tradicionalmente conhecida) possivelmente nasceu num outro momento. Aí vários produtos agrícolas vão se voltar para a atividade de transformação industrial, com finalidades variadas.

O polo da agroindústria que mais vai mexer com a produtividade social do trabalho é o primeiro, o do consumo de produtos industriais pela agricultura, principalmente a indústria de maquinários. No Brasil, esse processo, que vem dos anos 50 no Sudeste e nas décadas seguintes entra noutras regiões, (fins de 70 no Nordeste) é o responsável pela liberação de parte da força de trabalho agrícola, que origina, junto aos desempregados urbanos, sem qualificação, os boias frias, engrossando os seus filões com o passar dos anos, e causam um verdadeiro desmantelamento na vida de trabalhadores agrícolas[8]. Os posseiros modernos multiplicaram-se, e os Sem Terra surgem nos anos 80 provenientes não só desse fenômeno, como da desapropriação de suas terras pela marcha da grande lavoura, em particular de cana-de-açúcar, na febre do pró-álcool, e da soja, no Sul do Brasil principalmente.

É uma modernização, que como qualquer outra do sistema capitalista, traz embaraços limitantes ao trabalhador. Ela é responsável não só pela retração da força de trabalho no processo produtivo, como pelos ciclos de migrações: campo-cidade pequena – desemprego; cidade de médio porte – desemprego; cidade de grande porte – desemprego; e pela volta ao campo dos trabalhadores. Agora, como assalariados temporários e atualmente essa força de trabalho, sem emprego, vem aumentando o exército dos Sem Terra.

A formação do lago Itaipu para a construção da hidrelétrica de Itaipu é um exemplo de uma forte modificação na vida dos pequenos produtores do Oeste do Paraná. Esse fator associado ao plantio da soja e a forte mecanização na área, na década de 70, desmantelaram a pequena produção, com um forte deslocamento dos pequenos produtores para outras localidades[9].

A febre da expansão da grande lavoura, no caso a soja, produto moderno, que criou uma verdadeira cultura da soja, resultou na expulsão do pequeno produtor de suas terras acarretando o fenômeno de "captação usurpada" da renda fundiária do pequeno proprietário para o grande proprietário, produtor de soja. Há uma usurpação da renda da terra capitalizada, do pequeno para o grande proprietário, ou, dito de outra maneira, uma transferência forçada da renda da terra do primeiro para o segundo; não só no que diz respeito a expansão da lavoura de soja como de qualquer outra cultura[10].

Os usineiros do pró-álcool também destruíram as roças de inúmeras famílias de pequenos agricultores, que em suas terras de tabuleiros plantavam principalmente feijão e mandioca, transformando-os em baixos assalariados do campo, de onde eram empurrados para a cidade e reincidiam ao campo, compondo um ciclo de miséria reprodutiva que foi se condensando com a ampliação dos canaviais. Muitas vezes os mesmos ex-proprietários "mirins" tornavam-se assalariados da cana, com o agravante de alguns patrões comprarem cortadeira mecânica e deixá-la nas proximidades das áreas de cultivo ameaçando-os de dispensa, caso eles reivindicassem preços mais altos pelo seu trabalho. Era feita, assim, uma forte pressão psicológica sobre os trabalhadores. Daí afirmamos que o capital chegou a roça e a destruir. Não só por essa via, como pelo caminho, não menos perverso, da aplicação do capital bancário no financiamento das pequenas lavouras.

O pequeno produtor sente-se tão sem saída em inúmeros momentos de pagamento das parcelas dos empréstimos efetuados que vende também não só as culturas que tradicionalmente são cultivadas comercialmente, as chamadas culturas comerciais da pequena produção (banana, jerimum, arroz, algodão, etc.), como é abocanhado pelo capital na sua roça de feijão, mandioca e milho, culturas que, em princípio, são orientadas para a alimentação da família. Não sem raridade, os pequenos produtores são forçados a vender sacas e mais sacas dos chamados produtos de subsistência no sentido de saldarem dívidas bancárias, contraídas para custearem suas plantações e, contraditoriamente depois, eles vão comprar esses produtos nas feiras que acontecem nas proximidades do local onde vivem. Todos esses casos são resultado da modernização. O pequeno agricultor é sempre movido, por interesses voltados à reprodução do capital como um todo, a entrar na modernidade agrícola, por meio da compra de máquinas (sempre financiadas) e insumos (sementes, adubos, agrotóxicos) e como são descapitalizados, na sua maioria, recorrem ao banco, com o aval do Estado ou das firmas particulares (caso da chamada integração agrícola).

A iniciativa da implantação do Agribusinesse no Brasil atuando particularmente na verticalização do capital na agricultura é outra manifestação da modernização agrícola. Essa verticalização dá-se geralmente entre grupos multinacionais como Souza Cruz, Sadia, Perdigão que atuam unidas a pequena produção num sistema de "integração" voltada a fumicultura e a criação de aves e suínos. É uma modernização em que o capitalista dispensa a terra. Ele está na agricultura mas não quer saber da atividade agrícola; ele é o real agente do processo produtivo agrícola; é quem manda, mas está ausente. Assim o empresário integrador descarta as complicações próprias da agricultura, os seus riscos e estes ficam por conta de quem lida diretamente nela, o pequeno agricultor. Este aparece no processo como o dono, mas ele vai ser muito mais proprietário dos danos agrícolas do que dos benefícios, que ficam, na sua maior parte, com a empresa integradora. Elas querem o resultado da atividade, o produto. Essa é uma das maiores uniões da indústria com a agricultura, visto que, o pequeno produtor fica inteiramente a mercê da firma que comanda a falsa integração, sem de fato ter qualquer vínculo empregatício com ela, mas como vamos ver, não deixam de ser seus "funcionários externos".

Essa modernidade, a meu ver, atinge flagorosamente a COK (Composição Orgânica do Capital) clássica, não só na sua relação técnica como na sua relação social: uma está, certamente, atrelada a outra. Como já dissemos, é como se a empresa fosse o agente real da produção, nos casos arrolados e os pequenos produtores só são seus trabalhadores; eles plantam ou criam o que as empresas querem, com as técnicas que elas ordenam.

Como os pequenos produtores são "autônomos" e não dispõem de capital, este vem do banco com o aval da empresa integradora. Aparentemente ela não tem nada a ver com o capital produtivo, mas na realidade tem. Se o pequeno fumicultor ou criador não contar com o endosso da empresa no financiamento, que precisa levantar no banco, certamente, será eliminado como produtor ou criador e consequentemente não terá quem compre seus produtos, principalmente o fumo, uma vez que, na suinocultura já existe uma certa independência em alguns poucos casos. Subordinado a esse raciocínio, a responsabilidade do capital para produção é de quem trabalha diretamente com o fumo ou a criação. Os empréstimos são feitos no seu nome e eles têm que pagar com juros, é claro.

Se aprofundarmos nosso raciocínio chegaremos ao miolo da relação: na essência, a empresa é a responsável já que sem ela os produtores não obteriam o capital necessário para o custeio e ela só é a real agente do processo produtivo porque manda. Isso só acontece porque ela tem a ver com o capital produtivo, sem ele não há o poder de ordenar. Assim sendo, a empresa entra com o capital constante Kc (embora quem pague os juros do capital seja o pequeno produtor, o que é ótimo para ela) e o Kv (capital variável) não entra na composição porque ela não tem trabalhadores assalariados contratados, e sim trabalhadores "autônomos". É assim que a COK no sistema de integração fica mutilada. Só há Kc (capital constante). Contraditoriamente a relação social parece não se alterar, ela continua se dando entre o trabalho morto (Tm) que é o Kc e o trabalho vivo (Tv), só que, na essência, a COK altera-se. Ao invés do trabalho vivo sair do trabalhador assalariado, ele vai surgir do trabalhador "autônomo" (o integrado). A fórmula ficaria assim:

Kc x – (Mutilação na composição técnica – não há capital variável)
Tm x Tv – Essência da COK – Relação social de exploração
Kc x TA – (Trabalho "autônomo")
Esta seria a COK contemporânea. Diríamos então que a COK contemporânea caminha ao lado da COK clássica:
Kc x Kv – Relação técnica
Tm x Tv – Essência da COK – Relação social de exploração
Kc x Ta – (Trabalho assalariado)

Essa relação clássica dá-se nas chamadas relações "genuinamente" capitalistas. A COK contemporânea seria "mascaradamente" capitalista ou "genuína" também? Essa "modernidade" da COK é muito eficiente para a reprodução do capital, pela apropriação de sobre-trabalho. É mais capital que não paga salário, e muito menos, encargos sociais, por isso, o capital se expande em maior quantidade. O pequeno produtor se autorremunera com a venda, por vezes ludibriada, de suas mercadorias. Isto, quem sabe, não é o segredo da importância da terceirização, em geral, à reprodução do sistema? As empresas que contratam serviços dos trabalhadores autônomos vão dispor do trabalho vivo destes sem ter que pagar por ele. No processo de integração, aqui abordado, parece não haver dúvidas[11].

Se por um lado a COK fica mais sofisticada em alguns setores da produção industrial, como a robotização, por exemplo, por outro lado, algumas empresas vão buscar maneiras mais eficazes de se apropriarem de uma maior fração de trabalho vivo, numa das peripécias mais surpreendentes do momento do capital, desse último quartel de século. O capitalismo precisa não só de possuidores da força de trabalho, mas que essa força de trabalho seja também proprietária de bens produtivos – meios de produção. Precisa de trabalhadores autônomos, eles são fundamentais! É a essa relação do capital com o trabalho autônomo que chamamos de fenômeno "da valorização do valor capitalista pela pequena produção".

No caso do fumo fica claro: os fumicultores não são só produtores de fumo, e sim de fumo de primeira. Este é o fumo exportado, sobre o qual recai a maior parte do lucro das empresas tabagistas uma vez que seus custos são mínimos. O maior deles incide sobre o ICMS para exportação que corresponde a 8,5% sobre o total do preço do fumo exportado. As folhas de fumo de classificação inferior são orientados para a indústria nacional de cigarro e sobre elas recaem altos impostos, que o governo brasileiro cobra. Daí as firmas tabagistas priorizarem, indiscutivelmente, a produção de fumo de primeira pelos fumicultores, seus fornecedores; os agrônomos das empresas orientam os pequenos fumicultores nesse sentido.

Na pesquisa que realizamos em 90, 91 e 92 em Tubarão (SC) constatamos que a subvivência dos fumicultores, no que refere-se a alimentação (principalmente), vestuário, vem da venda de outros produtos que eles cultivam no semestre, que não plantam fumo, já que este é uma cultura semestral, naquela área. A partir do segundo trimestre do ano até fins do terceiro os produtores lidam com milho e batata e para isso são incentivados pelas próprias empresas tabagistas, que lhes adianta, dinheiro para o trabalho. O ganho oriundo do fumo é mais empregado em melhorias com a moradia, assim como na compra de eletrodomésticos, de veículos (sempre usados), instrumentos para secagem do fumo, etc.

Sentimos que é importante para a empresa tabagista os fumicultores terem a feição de pessoas bem sucedidas socialmente, economicamente. Dessa forma, cada vez mais, eles empenham-se em produzir de acordo com as exigências das empresas tabagistas: cultivar o fumo de primeira. Só que, no momento da venda do seu produto, como já demos a conhecer, eles são ludibriados pelas empresas. É importante frisar que apesar de na aparência os fumicultores terem uma vida "bem sucedida" a exaustão em que eles vivem é patente. Há fases do cultivo do fumo, como na colheita e na secagem em que eles trabalham até 20 horas por dia. Vão ao limite máximo da resistência de suas forças físicas.

No projeto do ano 2.000 da Souza Cruz ela compromete-se a abrir mais alternativas de ganhos para os fumicultores por meio da diversificação maior das atividades agrícolas; inclusive, pretende financiar a instalação de cooperativas leiteiras para que os "seus funcionários externos" sejam inseridos na atividade de criação de gado leiteiro. O objetivo da empresa é que os produtores de fumo tenham mais fontes de ganhos e demonstrem no contexto da fumicultura, que são bem-sucedidos.

Na avicultura e na suinocultura também há aspectos bem elucidativos do interesse das empresas para que os seus "parceiros" vivam bem e aqueles que não se adaptarem as mais modernas regras da criação sejam eliminados[12]. Podemos dizer, que, de certa, forma, os pequenos produtores dessa área caminham na linha aqui traçada para a realidade da fumicultura com o agravante dos "integrados" serem excluídos se resistirem a nova ordem tecnológica das empresas para a produção.

No Rio Grande do Norte há um processo oposto. Aqui firmas multinacionais (ditas nacionais – locais)[13] fazem questão de terem terras e serem os agentes diretos e reais da produção. De acordo com informações que um alto funcionário da "Frunorte" nos deu, a empresa adquiriu terras no Vale do Açu (um dos rios do estado), através da compra (iremos investigar). Só esta empresa, praticamente a única que domina o Vale, nos disse, ter aí 16.000 ha, de terra (isso no Sertão semiárido é muita terra fértil. E ela ainda conta com a irrigação feita pelo governo)[14]. Os pequenos produtores foram expulsos da área e consequentemente, ficaram impedidos de desenvolverem suas culturas de vazante. Houve uma retirada forçada desses trabalhadores de suas terras e em seguida eles fora lançados na vala dos expropriados. Muitos deles continuam no local vendendo sua força de trabalho. Anteriormente, quando eram pequenos produtores, proprietários além de plantarem culturas de vazante, nos meses de estiagem, trabalhavam no período chuvoso na extração da cera da carnaúba, nos carnaubais que cobriam o vale, quando o leito do rio era ocupado por eles.

O que mais nos chamou atenção, num rápido contato que tivemos no local é que nos 10 anos de existência da empresa ela só ocupa 10% das terras do vale com atividade agrícola (nas suas terras) 90% está coberta com vegetação secundária porque os carnaubais não existem mais. Supomos que sua extinção está presa ao fato da empresa aniquilar a atividade extrativista da cera de carnaúba feita pelos então moradores do vale, conforme aludimos acima, para forçá-los a assalariarem-se para ela. É uma agroempresa agindo no polo 1[15], da agroindústria com uma dupla caracterização de propriedade: ela é proprietária fundiária, dos meios de produção agrícola e de alguns equipamentos voltados a transformação de produtos e pratica uma relação de assalariamento clássico, em que os produtores ganham mensalmente o salário mínimo, mais 12% sobre o valor do mesmo. A Frunorte vem implantando recentemente um sistema de "participação" dos trabalhadores no lucro da empresa via associação orientada para esse interesse. Sua diretoria é escolhida por pessoas de confiança da empresa e referendada em assembleia pelo voto "livre" dos trabalhadores. Esta é mais uma façanha do capital para alcançar lucros maiores: permite certas vantagens ao trabalhador e em contrapartida ele trabalha com mais empenho o que, promoverá, sem dúvida, uma maior produtividade do trabalho.

Na atividade de cultivo das frutas nobres (melão, principalmente, manga, acerola) na Frunorte a COK clássica está presente e a empresa se apropria não só de lucros como dos sobre-lucros gerados – parte dos quais corresponderia ao lucro remanescente – remuneração da propriedade privada capitalista da terra. Há outra atuação dessa empresa no local, que vem desenvolvendo-se recentemente, é a produção do fruto acerola em polpa, também para exportação. É uma atividade com requintes de industrialização, não há nada de artesanal no processo. Nesse caso a empresa agiria também no polo "2" da agroindústria com uma tripla propriedade no todo. Além das já citadas acima é dona das indústrias de transformação da acerola e também conta com mais uma remuneração capitalista – o lucro industrial (o lucro médio clássico).

Há uma outra relação da Frunorte na área, no que diz respeito a terra. Uma relação que chama atenção, e sobre a qual nós ainda conhecemos pouco[16], mas, ela já nos oferece elementos para algumas reflexões a respeito. É um sistema de arrendamento em que a Frunorte arrenda terra de tabuleiro – naturalmente menos fértil – para cultura das "frutas nobres". Essas terras são de propriedade de pequenos proprietários que têm em média 30 ha de gleba. A empresa paga, pelo arrendamento, R$ 100,00 por ha e por ano ao pequeno proprietário. De acordo com a informação prestada pelo mesmo preponente, da empresa, que nos atendeu, essa iniciativa é boa para a firma, porque ela conta com irrigação no tabuleiro, e devido a planura morfológica é fácil trabalhar o solo com o emprego de máquinas. Isto associado ao emprego de nutrientes químicos faz as condições do solo ficarem adequadas para uma alta produtividade social do trabalho, o que eleva o rendimento por unidade de área, que deve ser tão alto ou mais alto ainda do que no vale.

Enquanto dos 16.000 ha do Vale só 1.600 estão sendo cultivados, os donos da Frunorte vão ocupar a área dos pequenos proprietários locais e deixam 14.400 ha de sua terras férteis "guardadas" condensando renda fundiária capitalizada e se, esgotarem-se as terras de tabuleiros, a empresa tem suas próprias terras num estado natural de alta fertilidade para os cultivos que vem empreendendo e outros mais, talvez, os quais, certamente, exigirão baixos custos de produção. Como nem toda a extensão de terra de vale conta com a técnica de irrigação e os empresários provavelmente não queriam investir capital para esse fim, quem sabe, estão procurando uma forma do governo tomar essa iniciativa, sempre presa ao discurso governamental de que, está levando irrigação aos pequenos produtores. Fato semelhante, vem ocorrendo noutras regiões do Estado em que os oportunistas chegam ao local, "compram" as terras dos pequenos produtores, se apropriam das vantagens que seriam destes, e fazem o que querem com a terra. Se os pequenos agricultores vendem suas terras, por vezes, a qualquer preço, é porque o velho problema que assola o campo, não só para a população pobre produzir como para comercializar seus produtos, torna-se insuportável. É o que aconteceu, por exemplo, no perímetro irrigado de e Caicó (RN), onde só existe hoje, praticamente, pasto para criação de bois dos rebanhos dos "espertos"[17]. Onde anteriormente havia plantio de tomate e, em menor volume, outras culturas de horta. Aí estavam os assentados de um projeto, que depois de alguns anos foram abandonados à própria sorte.

Voltando a particularidade do arrendamento em Açu, a "renda" paga pela Frunorte aos agricultores pobres dos tabuleiros deve ser irrisória para a empresa. Fato que afigura-se, para nós, como uma forma da firma utilizar-se economicamente da terra de terceiros quase de graça. Não sabemos ao certo porque o pequeno proprietário arrenda suas terras, ao invés de desenvolver nelas uma atividade produtiva, mas supomos, que, dada as dificuldades que eles se defrontam para conseguirem o custeio da plantação e venda posterior dos seus produtos, prefiram, partir para a prática de "arrendamentos" que lhes garante algum ganho certo. Por exemplo, se um deles arrendar 30 ha[18] de terra por ano contará com um total de R$ 3.000,00 o que equivale a uma cifra de R$ 250,00 por mês, ou seja, 2,23 salários mínimos atuais (julho 96) sem trabalhar na terra (pelo menos para si) e ao mesmo tempo ele se assalaria para a própria Frunorte, além, de por vezes, desempenhar uma outra função em alguma atividade urbana[19].

Conforme o exemplo, se para a empresa o pagamento pelo uso da terra do pequeno agricultor é irrisório, o recebimento de R$ 250,00 dos 30 ha, por este é significativo, se ele, de fato, arrendar todo o seu terreno. Ele ganha mais do que os trabalhadores assalariados da Frunorte, trabalhando no pesado o mês inteiro[20]. Se ao mesmo tempo ele for um assalariado daquela empresa terá uma complementação dos seus rendimentos.

Essa relação de arrendamento tem uma forma singular: é um grande proprietário, não só de terra, como de capital, arrendando terra de um pequeno ou minúsculo proprietário. É um arrendamento não clássico. A característica do arrendamento clássico é aquele que surge de uma relação entre grandes proprietários: grande proprietário do dinheiro, o capitalista X o grande proprietário fundiário. No nosso entendimento, o que está em pauta é um arrendamento as avessas, coisas do capitalismo "pós-moderno" ou um arrendamento sem a existência da renda, já que esta não se constitui, na remuneração de um rentista fundiário. O pagamento pelo uso da terra, embora chegue às mãos do minúsculo proprietário, como um ganho a mais ou mesmo um ganho principal para ele viver de forma muito simples, da parte do capitalista, o dinheiro, para pagamento do "arrendamento" corresponde a uma ínfima parte do seu lucro ou do seu sobrelucro. Essa relação também não tem a feição de um pequeno arrendamento (não capitalista) já que este é típico de uma relação entre pequenos produtores sem terra X pequenos proprietários (ou pequenos produtores com terra, que em alguns momentos "arrendam" alguns poucos ha para complementarem seus rendimentos). Uma outra inferência é que na relação de "arrendamento" de Açu, o pequeno proprietário pode estar recebendo um pagamento pela terra, inferior ao preço de mercado, do solo de tabuleiro. Podemos, sob um outro aspécto, considerar que nessas terras "arrendadas" há uma injeção de capital feita pela empresa na terra alheia, o que se configuraria como uma renda diferencial capitalista tipo II, na qual, a terra, pelos insumos que recebe e pela tecnologia mecânica nela aplicada transforma-se em capital terra, daí a Frunorte "arrendá-la" inicialmente por 5 anos. O "arrendador" capitalista de Açu é ao mesmo tempo, também um empresário e um rentista fundiário clássico, já que ele tem 16.000 ha de terra fértil – terra mercadoria – e detém a renda fundiária capitalizada. Do total de suas terras só 10%, ou seja 1.600 ha está visivelmente como meio de produção, terra de trabalho capitalista, terra de trabalho alienado, que é meio de exploração da força de trabalho e 14.400 ha são também terra de exploração de trabalho alienado, embora não aparentem, já que nelas não está havendo, claramente, uma relação capital x trabalho.

Outra área que está no foco de nossas preocupações relativa a pesquisa que queremos desenvolver no Rio Grande do Norte sobre reprodução social agrária é o perímetro irrigado de Cruzeta e Caicó que já mencionamos anteriormente. Não sabemos se houve no local um assentamento por iniciativa governamental. Se houve, ele pode ser um retrato do que resulta desses assentamentos que não obedecem a uma política criteriosa de fixar o homem no campo. Para isto o pequeno agricultor tem que gostar de estar aonde está. Sentir-se seguro no que faz, o que só pode ocorrer quando lhe oferecido não só terra, meios de trabalho, condições de custeio, venda da mercadoria produzida sem intermediação exploratória; como também casas moradias (não abrigos), com o mínimo de higiene e infraestrutura de circulação para suas mercadorias, (transportes, vias de acesso). O que poderia ser feito, via cooperativas gerenciadas pelos assentados, em que eles sejam realmente os responsáveis. Existe também a necessidade de serem colocados, serviços de eletrificação em suas casas, e não só deles disporem de eletricidade nas "ruas" (o que já existe); de arruamentos rurais, para o trabalhador ter condições de convivência com outros, fora do campo de trabalho; de áreas para atividade de lazer, onde eles possam expor suas potencialidades criativas do seu mundo endógeno (desde que sejam estimulados pra isso, é claro), em oficinas de artes; de fazerem trocas de suas realizações artísticas; de terem escolas para seus filhos, e outros complementos de vida indispensáveis a uma reprodução social mais digna[21].

Essa seria a reforma agrária que levaria o homem a terra e o firmaria nela. O pequeno agricultor teria sua terra de trabalho verdadeira, sem ser explorado pelos comerciantes intermediários e nem pelos juros altos cobrados por bancos para poder custear sua produção; juros altos que incluem-se na atual conjuntura econômico-política que assola o país.

Além do que relacionamos acima, não só para os assentamentos dos sem terra, mas para a pequena produção em geral, seria de fundamental importância os pequenos produtores contarem com postos médicos nas proximidades de suas terras.

Assim teríamos um novo Brasil agrário, em que o velho estaria transformado. Só que parece estarmos distantes de vê-lo realizado. O fato é a carência existente nos assentamentos, com raras exceções. E aqueles programados pelo atual governo, para um total de 280 mil famílias (que diante da realidade de aproximadamente 5 milhões de famílias sem terra para serem assentadas não é nada) não acenam com a possibilidade de garantirem uma realidade diferente de outros assentamentos.

No real, sabemos que a reforma agrária brasileira não caminha, pela resistência dos grandes proprietários em manterem suas terras-mercadoria, de não abrirem mão da renda fundiária. Na essência, a luta da reforma agrária dá-se entre a terra-mercadoria, renda fundiária e a terra de trabalho – meio de produção; entre a terra de exploração – terra de trabalho alienado e a terra de trabalho para-si. A raiz dessa luta, a nosso ver, está nas origens latifundistas do Estado Capitalista Brasileiro, em que a bancada ruralista no congresso é só um minúsculo tentáculo.

De fato o latifúndio como instituição maior, o próprio Estado brasileiros como tal, tem seus representantes nas casas dos três poderes da República: do executivo mais alto ao mais baixo, no judiciário e no legislativo e em todos os setores da economia formal.

Sabemos que há divergências no campo entre os pequenos proprietários e os assentados; entre essas duas tipologias e os Sem Terra; e no próprio Movimento Sem Terra, mas não poderia ser diferente. Nenhum movimento é unitário, único e sim uma unidade múltipla e não conta com a simpatia de toda a sociedade. Nem mesmo todos os oprimidos urbanos ficam do lado dos oprimidos do campo. E é nesse descaso da sociedade que o governo se apoia tornando a luta pela terra um caso de polícia permanente, permitindo o massacre de trabalhadores pelas milícias oficiais e particulares. Quando muito, vemos, nos casos mais extremados de assassinato de lideranças de Movimentos dos Sem Terra, medidas de fachada, para dar uma satisfação imediata a sociedade, mas só eventualmente os culpados sofrem alguma punição. Para que haja uma reforma agrária que contemple os apelos dos trabalhadores do campo e amplie o seu horizonte de reprodução social é necessário uma outra ação do governo. Em princípio, nenhum governo neoliberal vai permiti-la, porque todo ele é opressor. A pressão exercida pelos trabalhadores do campo para forçar uma mudança na política agrária não é só necessária, mas imprescindível. Parafraseando Alain Tourraine (numa outra situação) esse governo que está aí é neoliberal na economia, autoritário na política e reacende a chama de um nacionalismo cultural que cheira a fascismo. Basta atentar para o que o presidente da República fala em seus discursos, exaltando o nacionalismo, chamando de maus-brasileiros os que se opõem a sua ditadura disfarçada; só falta o slogan "ame-o ou deixe-o".

O problema é que não quebra-se uma hegemonia de cinco séculos de latifúndio sem muita luta, e, todos nós, estamos meio sem rumo. Anestesiados, perplexos perante os horrores sociais que estão diante de nossos olhos. Expropriam o nosso chão de trabalho e de moradia e não fazemos nada; nem sequer aprendemos a lição de luta com os Sem Terra. Estamos com eles, mas a distância. A nossa equivalência social não nos permite irmos para a rua gritar para conquistarmos mudanças.

Para terminarmos, vale a pena repetirmos, mais uma vez Deleuze, a propósito do que abordamos no início desse trabalho, sobre a necessidade de abrirmos brechas para a passagem da nossa manifestação estética; o importante é irmos atrás do que nos usurpam e para que isso se concretize, temos que criar nos caos, contra o caos, pelo extermínio do caos. A palavra de ordem é "criação".

Notas

[1] Trabalho apresentado no X Encontro Nacional de Geógrafos; Recife /PE; Jul de 1996, na mesa redonda sobre "A Questão Agrária", subordinada ao eixo "Economia Política do Espaço e Reprodução Social".
[2] Que recebem um salário não capitalista.
[3] Vimos desenvolvendo uma pesquisa em pequenas unidades agrícolas familiares de cinco localidades diferentes do Rio Grande do Norte, com a preocupação ampla de reprodução social, dentro do que tratamos acima e investigamos pequenos produtores com terra. Para realizá-la buscamos apoio filosófico em Marx e Nietzsche, articulando a dialética materialista marxista à dialética psicológica nietzschiana. Nessa articulação as contradições endógenas do indivíduo se anelam as contradições exógenas vividas em sociedade, nas relações do cotidiano.

Não nos ateremos mais detalhadamente nos Sem Terra por eles não virem se constituindo no foco central das nossas pesquisas, mas eles serão mencionadas quando abordamos as raízes da questão agrária brasileira, por se constituírem na maior problemática do campo nessa era da Internet, em que os donos da política institucional brasileira levam "o país dos que trocam" ao mundo da globalização financeira e tecnológica e "ignoram" o outro lado, o da globalização da miséria (É só relacionar o que acontece no Brasil com o que se passa em muitos países da África, da Ásia, outros países da América Latina e as áreas de domínio dos pobres nos países ricos).

[4] Morar é ter uma casa que assegure ao trabalhador não só a convivência familiar, como a privacidade do casal, dos filhos e dos demais membros que compõem a família. Uma casa que atenda aos apelos dos nossos costumes: ter uma sala para a família sentar-se a mesa às refeições; ter além da sala, quartos com mobiliário mínimo para a família conversar, repousar, dormir; ter cozinha e banheiro com utensílios sanitários e de higiene condizentes com o que o ser humano deveria possuir para viver como tal, com dignidade. O que existe no campo (e nas cidades também) para a maioria da população, é uma casa abrigo, não uma casa morada.

[5] Mais adiante abordaremos alguns casos, que substantivam a nossa afirmação de subvida, dentro das unidades de trabalho familiar.

[6] Esta é uma classificação que não obedece a qualquer rigor estatístico. Ela é fruto de nossa acuidade como pesquisadora social: muita observação; conversas com pessoas de nível socioeconômico diferenciado e de abstrações sobre a realidade que convivemos no nosso dia a dia. É uma classificação especulativa, mas plantada no rigor da concretude que investigamos.

[7] Fizemos testes recentemente com conhecidos e um rápido ensaio no meio rural, numa das áreas em que pretendemos desenvolver uma pesquisa sobre reprodução social e a resposta sempre foi "ter isso ou aquilo?" Se o inquirido já tem o básico, quer além do básico; o supérfluo comum, o sofisticado. Sonha com muito conforto com o luxo, (todos nós sonhamos com conforto, mas é bom não perdermos de vista o nosso dever social para com o outro). Isso nos levou a pensar que se o homem vive no luxo ou entra na compulsão de ter mais e mais, indo atrás pelo trabalho, (muitas vezes bajulando um poderoso a sua frente, ou se omitindo politicamente para ter altos cargos públicos ou no setor privado) ou pelas falcatruas; ou ele se mata, se tomar consciência de que suas mãos estão transbordando, e a sua criação está morta para uma produção social sem mediação do dinheiro, ou vira fantasma vivo. Inércia humana sem rumo nem compromisso, vivendo na sombra do seu falso poder. E para se garantir psicologicamente se inclui em alguma seita religiosa, que lhe conforta moralmente. Ele não sabe mais o que aspirar. Aspira o vazio. É o niilismo. É como se o arcabouço humano fosse o real, o seu conteúdo maior. Como o homem pouco conhece de-si e não interessa-se no autoconhecimento, caminha para o nada.

[8] O que é bem tratado por Graziano da Silva no seu livro "Modernização dolorosa".

[9] Eles foram excluídos. Esse foi o assunto da dissertação de mestrado de uma orientanda nossa, onde ela mostra as determinações perversas da modernização agrícola. Ler a respeito "A produção do Espaço em Marechal Cândido Rondon", de Miriam Zaar, 1995.

[10] Da cana, por exemplo, em razão da terra sempre ser adquirida, pelo grande proprietário com um pagamento efetuado abaixo do preço de mercado. Na febre do pró-álcool no país, esse fato foi contundente em São Paulo e em vários estados do Nordeste, onde a modernização canavieira passou a ocupar morros e tabuleiros, dominados, anteriormente, por vegetação nativa que assegurava, de certa forma, um ganho aos moradores das redondezas pela coleta e posterior venda das frutas nativas que estes tiravam dos tabuleiros – é o caso da mangaba em vários estados nordestinos.

[11] Ler "A Paisagem do Fumo em Tubarão" de Lenyra Rique da Silva, particularmente, o terceiro capítulo: "O trabalho do fumo e seu resultado".

[12] Não nos compete aqui colocar informações mais detalhadas do assunto porque tomamos conhecimento de fatos pertinentes a atividade criatória de aves e suínos no Oeste Catarinense através de uma pesquisa, aí desenvolvida, com vistas ao doutorado e como ela não foi ainda defendida nós não podemos divulgar seus resultados.

[13] O que averiguaremos quando realizarmos uma pesquisa que pretendemos desenvolver na área.

[14] Não temos ainda condições de falar sobre todo o processo.

[15] Relação considerada por nós, entre indústrias de insumos X agricultura. O polo "2" refere-se a relação entre a indústria de alimentos e a agricultura.

[16] Como já dissemos anteriormente não demos início a pesquisa efetiva, fizemos só uma viagem preliminar a área.

[17] Obtivemos essa informação na UFRN. Iremos no momento da pesquisa direta, verificar sua veracidade.

[18] Essa é a média de terra dos pequenos proprietários, que nos foi informada pelo Sindicato dos Trabalhadores Rurais de Açu.

[19] Na cidade de Açu, por exemplo, que é uma cidade de porte médio do Estado do Rio Grande do Norte

[20] Não temos conhecimento ainda da jornada de trabalho semanal, mas de um modo geral, sabemos que ela suplanta a jornada urbana.

[21] Esses itens (meios materiais para a realização de atividades criativas) deveriam fazer parte de um projeto de reforma agrária.

POR QUE HÁ GEOMETRIA NO TEMÁRIO GEOGRÁFICO?[1]

O amor recíproco é a enormidade humana.

Esse tema está diretamente relacionado ao método utilizado no desenvolvimento de qualquer tema geográfico. Em toda ciência, método e teoria não separam-se e ambos articulam-se a uma corrente filosófica que lhes dá sustentação epistemológica.

A preocupação que tenho, nessa conferência, é ressaltar como a empiria causal simplista que embasa qualquer noção geográfica, nela mesma, liga-se a linhas filosóficas da racionalidade empírica e como o método empírico-processual-reflexivo, relacionado a correntes filosóficas da lógica contraditória enfoca esses temas, no movimento de cada um deles consigo mesmo e com os outros.

A Geografia vem sendo trabalhada, através dos tempos (dos séculos) de forma cartesiana. Costumo dizer que muito antes de Descartes (século XVII), pai do realismo transcendental, da filosofia do método, a Geografia já obedecia a evidência das observações, a certeza da descrição do óbvio o que redunda em juízos perfeitos para a funcionalidade do lugar, do espaço e do território geográficos. Quer dizer, a matemática geométrica do método descartiano embasa, de maneira opaca, a noção de lugar, território, área, espaço, região, paisagem, e por trás de todos esses temas o eixo central da questão geográfica, que diz respeito à relação homem X meio também condiciona-se ao funcionalismo do que está posto.

Como se não bastasse, o método kantiano (século XVIII – Kant) que visa o objeto do conhecimento na sua metafísica transcendental divide as ciências em cognitivas e ciências dos sentidos, expurgando a Geografia da primeira classificação. Isto é, Geografia faz-se com os olhos (principalmente), a audição e o tato, sentidos que Kant mais privilegiou no seu senso comum, responsável pelo critério de juízo dos fenômenos. Para completar a trilogia filosófica responsável pela teoria inconsistente do conteúdo geográfico, o positivismo do século XIX escancara mais ainda a porta do imediatismo acientífico e a Geografia, mais uma vez, embarca numa frágil epistemologia, que trata do social submetido a lei dos "três estados" em que o estado mais avançado, o industrial positivo e científico é o que vivemos. Método que coloca um ponto final na história do desenvolvimento humano, como se tivéssemos definitivamente alcançado o ápice do progresso desenvolvimentista da humanidade. Para Comte, o social é constituído de classes que naturalmente existem para manter o tecido social fortalecido pela cooperação dos mais fracos aos privilegiados da sociedade. Ricos e pobres, para ele, existem por contingência da vida; os segundos para servirem aos primeiros. São as circunstancialidades sociais. Tal visão naturalista da sociedade é absorvida na Geografia, não só pelas escolas francesa e alemã, na chamada sistematização da ciência geográfica, no século XIX, como em todo o mundo ocidental e realimenta a ação do anticientificismo geográfico de séculos anteriores, quando a Geografia nada mais era do que um almanaque informativo.

Como se não bastasse, a fenomenologia husserliana, do começo desse século, amplia o enfoque fenomênico do imediato na Geografia. Querendo combater o cogito como substância pensante em Descartes Husserl afirma "toda consciência é consciência de alguma coisa". Ele procura explicar os pensamentos pelo seu sentido, pela finalidade interna de sua mira. Para ele toda a riqueza da fenomenologia aparece na multiplicidade das intencionalidades que é possível descrever. Noutras palavras, Husserl lança mão de um velho termo escolástico – a intencionalidade – que se torna para ele a meta da consciência. Com isso ele combate o psicologismo e o historicismo, muito em voga na sua época, o primeiro procurava explicar os fatos sociais pela emoção e o segundo pelas causas históricas. Husserl afirmava, "o outro me é dado por uma intencionalidade mediata chamada apresentação". Isto significa dizer que um fenômeno estudado desemboca noutro fenômeno; que para se entender um fenômeno tem-se que mergulhar nele mesmo. A resposta está aí, pela intencionalidade do imediato se alcança a representação do mediato. Husserl quis dar a filosofia o caráter de uma ciência rigorosa, fazer da filosofia uma ciência e oferecer às ciências um fundamento filosófico imediato mas não conseguiu.

Apesar de alguns geógrafos terem abraçado a corrente husserliana, como um avanço, na compreensão mais aprofundada das questões geográficas, permaneceram recorrentes, quer dizer, continuaram, percorrendo a linearidade formal das condutas de pensamento a que nos referimos acima; que ao invés de os levarem a uma aproximação com a realidade social, ao contrário, vêm, provocando ou promovendo uma maquilagem para que ela apresente-se como é. Mas não é nada disso. Eu não posso compreender a fome pela fome; a miséria pela miséria, etc. Eu tenho que sair do fenômeno "fome" percorrer um caminho traçado pela cognição das relações contrárias na sociedade, chegar a compreensão de que ela não é natural e não é dada e sim é um produto histórico de um sistema econômico que vira as costas para a maioria da população. O capitalismo desenvolvimentista, que na ganância de privilegiar os seus prepostos, em particular os de ponta, na atual conjuntura, pais e filhos, ao mesmo tempo, do estágio financeiro – informático do sistema, expulsam do core produtivo o homem força de trabalho e o transforma em sua negação. Isto é, em seres não produtivos, que como não têm o que trocar, não têm dinheiro, para o seu provimento e de sua família, têm mesmo que passar fome até a inanição e a morte. Significa dizer que o fenômeno fome, não encaixa-se neste ou naquele lugar. Ele ocupa a esfera global, intensificando-se em alguns deles como resultado do movimento tratorizador do capitalismo em suas inúmeras roupagens.

Nos primórdios do seu desenvolvimento, o capital ainda permitia que o trabalhador tivesse a garantia de uma magra ração "paga", inclusive, pela marginalidade de alguns deles do circuito produtivo, os quais constituam o exército industrial de reserva. Só que hoje, esse exército ao mesmo tempo que permanece, como necessidade, transmuta-se também em não necessário, e para isso, a extinção pela fome, dos indivíduos desse universo é o meio mais direto para que isso aconteça. Trocando em miúdos, as armas de agressão do sistema sobre o trabalhador tornam-se, com o desenvolvimento capitalista, de um lado mais amena, por outro lado mais tirana.

A miséria material, irmã siamesa da fome, não há uma sem a outra, é também produto histórico da acumulação capitalista. Para que nós ou qualquer estudioso desvende a miséria como uma forma histórica, temos que sair do seu estudo em si e dirigir-nos ao seu contrário – a riqueza – investigar como ela é gerada socialmente. No seu miolo está o pilar da propriedade privada – capital e seus equivalentes, terra e suas representações – e tudo o que a propriedade privada determina: valor-trabalho, divisão do trabalho, produção coletiva de mercadorias e apropriação individual delas, os diversos tipos de fetichismo de propriedade e de produção, etc.

Com esses exemplos procuramos mostrar que nós não podemos entender qualquer fato social na intimidade linear da lógica formal. Temos que romper com ela e buscar uma outra base filosófica que nos dê condições para isso. O mesmo nós temos que fazer com o lugar geográfico, ele é social assim como o espaço, o território, a paisagem. Todos são instâncias sociais do mundo em que vivemos. Mesmo um lugar distante, não povoado, que possa-se imaginar é social, pela influência direta ou indireta que ele exerce em nossas vidas; pelas múltiplas determinações do nosso corpo e mente que fazem parte da natureza inorgânica do homem e que está em contato contínuo com a natureza "externa" para não perecer. Daí nós raciocinarmos o espaço nos espaços, os lugares no lugar e vice-versa, bem como os demais temas geográficos. Se nos referimos-nos ao lugar quadrado ou redondo, do espaço geométrico que vemos à nossa frente, a nossa visão é espacialista – esta é a corrente majoritária na Geografia. Seus seguidores podem não expressar-se, mas a sociedade para eles é geométrica. Se colocarmos, porém, em qualquer assunto geográfico o pressuposto de mobilidade e sairmos, por isso, do enfoque espacialista, temos condições de compreender a distinção de cada uma dessas noções, numa não distinção. Há uma reciprocidade de relações responsáveis pela sua existência. Assim, compreendemos que na essência das principais noções geográficas há uma fusão e distinção simultâneas. Estamos utilizando, nesse raciocínio a lógica das contradições materialistas, que nos foi legada por Karl Marx.

Quando nos referimos a herança cartesiana, kantista, comtista, husserliana, do funcionalismo no temário geográfico estamos dizendo do geometrismo da espacialização, que deve ser superada no seu oposto. O lugar precisa ser entendido no lugar e fora dele, o território no movimento de constituição, gerenciamento e apropriação; o espaço na sua espacialidade e não espacialidade, a paisagem com um rosto e um conteúdo e a região como instância cartográfica cultural, demográfica, política e não como representação científica da Geografia.

A relação homem X meio tem que ser entendida e interpretada como uma relação contraditória porque ela dá-se de forma mutilada entre um homem aparentemente inteiro, mas que é desominizado como natureza humana e como ser social; e um meio que é prolongamento da natureza humana com a qual ele está em contínuo contato para garantir sua existência. Este meio é a natureza social exterior ao homem; é o seu objeto que subjetiva-se nele, não só pelo trabalho como pela própria vida em si. Significa dizer que homem e meio estão numa articulação de reciprocidade, complementação e justaposição que fundem-se enquanto sujeitos e objetos no processo antitético de produção da vida. Não podemos compreender o meio como uma exteriorização ao homem, mas do homem, assim como seu corpo é a exteriorização de sua essência. Essência aqui compreendida como momento "maior" do homem: psiquismo, alma, espírito, sensações, emoções, consciência produtiva. Essência esta da *anti-história da humanidade*, denominação concebida no sentido marxista de um não desenvolvimento das potencialidades humanas. Enquanto perdurar a sociedade alienada, que faz o homem carecer de emoção, sentido, beleza em plenitude, porque para "ser" ele precisa "ter" dinheiro, beleza e outros atributos, próprios dessa sociedade, permanece a sociedade do "ter".

A sociedade do ter é a sociedade da necessidade, e o homem nela, em nada, está inteiro. Por tudo isso a humanidade não é humanidade plena em desenvolvimento, não há um homem total, e sim um homem genérico, pelo trabalho, porque produz. Há uma sub-humanidade em desenvolvimento, onde os ingredientes mais fortes dessa sub-humanidade, são a crueldade, a tirania e a estupidez, segundo a acepção nietzschiana da sociedade ocidental, onde o egoísmo dá "vontade de potência" confere ao homem uma escravidão de pensamento e ele torna-se um nada recorrente sempre retornando. Nietzsche diz a respeito que quando o homem livrar-se das amarras sociais pela sua luta consigo mesmo e com o outro o "eterno retorno" não será um final no nada. O homem transmutar-se-á construindo sua essência, quem sabe, pela arte que liberta. Ele terá libertado-se das "argolas da sociedade e da paz".

Mesmo considerando todas as limitações humanas temos que pensar o meio como exteriorização e ao mesmo tempo objetivação do homem. Só assim, concebemos o homem como racionalidade integrante do meio em que ele produz sua vida. O meio é o lugar do homem, o seu espaço e seu território, mesmo recheados de alienação, os quais aparecem como paisagem e no seu conteúdo está o próprio agir humano pelo trabalho, pela arte, pela emoção, que não são só naturais, são históricas; não são eternas, passam.

O trabalho, instância maior do fazer-se humano, trabalho assalariado, ou não, é trabalho alienado e através dele, na produção de sua vida diária o homem produz o lugar, o espaço social e o território alienados dele. (Depois veremos cada um desses temas mais detidamente). O importante é antes afirmamos que o meio e o homem têm uma relação estreita e contrária a um só tempo. O meio é o lado de fora do homem, o objeto externo, no entanto o homem se subjetiva nele pelo resultado do seu trabalho e a um só tempo o meio é objetivado no homem, que o apreende na sua ideia, o mentaliza, o recria e materializa essa recriação numa ação efetiva. Daí não podermos conceber a relação homem X meio na Geografia dentro de um empirismo vulgar, estreito; numa relação entre elementos separados. Um homem indivíduo e um meio específico, num quadrado espacializado; e sim enquanto generalização: o homem – geral universal e o meio universal. O que visualizamos num empírico processual são momentos do resultado dessa relação: homens indivíduos ou em coletividade e meios específicos. Esta é a não geometrização da relação homem X meio na Geografia. Esse movimento de articulação devemos estender ao tema lugar, que não é só um ponto fixo no universo social. Cada lugar é uma síntese de lugares uma mediação para lugares, o lugar em-si e outros lugares no devir (o que é, o que ainda não é, o que vem a ser). Exemplificando um pouco; este lugar em que nós nos encontramos agora não é naturalmente posto, mas produto social, como tudo na sociedade. Ele foi construído segundo interesses privados, voltado a uma finalidade, a uma utilidade, tem valor de uso, que subentende valor de troca, que subentende valor – trabalho, como qualquer outra mercadoria capitalista produzida pelo trabalho. Houve vários ciclos de trabalho responsáveis pela construção desse lugar, desde o alicerce do prédio até o acabamento; em outros momentos de trabalho, que resultaram na sua apresentação de agora, com essa feição, decoração e utensílios próprios para esse ambiente. Para que esses processos de trabalho efetivassem-se, vários outros, em outros lugares realizaram-se. Desde os diversos locais de obtenção das matérias primas empregadas nas várias finalidades, até sua transformação para serem utilizadas nessa construção. Transformação que se efetivou em lugares diferentes (fábrica de cimento, de cerâmica, de pisos, de esquadrias, de móveis, etc.).

Em cada um dos momentos de trabalho necessários aos resultados aqui reunidos, tem-se que levar em conta a produção imediata, a circulação, a troca, o consumo, e o que determina cada um desses instantes aqui arrolados – a propriedade privada – o capital, o trabalho assalariado, os prestadores de serviços – trabalhadores autônomos – a divisão do trabalho, o fetichismo da apropriação, o estranhamento da alienação do trabalho, o falso reconhecimento do autotrabalho dos prestadores de serviços, etc.

Noutro ângulo temos que analisar, o particular do homem-geral trabalhador, em suas moradias, seus locais de reprodução e como renovam sua força de trabalho, durante o repouso, e, principalmente, por meio da alimentação. Todos esses locais estão sintetizados na paisagem quadrada, fixa, que aparentemente, não tem qualquer conteúdo. E como tudo o que é feito pelo esforço e pela mente humana contêm fração de suas energias físicas, emocionais, morais e psíquicas, parte da humanidade de todos os trabalhadores, envolvidos em todos os instantes de trabalho na complexidade de lugares em que eles ocorreram está contido no resultado final. Esse lugar é uno e múltiplo; unidade e síntese. O que deve interessar na análise geográfica dos lugares não é só como eles apresentam-se, como são vistos fotograficamente; não é o seu resultado, mas todas as relações necessárias para que esse resultado lugar exista com a função que ele tem. Esta seria uma análise não imediatista do lugar, seria uma análise empírico-processual-reflexiva. O resultado está diante de nós, vemos, tocamos em sua forma, sentimos a sua feição. Isso o senso comum dá conta, mas, como o lugar "oculto", o senso comum não explica, temos que lançar mão da cognição reflexiva abstraindo-o. Só dessa forma conheceremos as atividades implícitas em qualquer resultado de uma ação social.

É fundamental entendermos que esse lugar é mediação para outro lugar, ou, outros lugares, porque as atividades aqui desenvolvidas não vão ficar restritas a sua geometria. Extrapola suas paredes, os limites do prédio, da rua, da cidade, do país. Cada um de nós que estamos vivenciando agora um processo intelectual de trabalho, levaremos, na memória, daqui para outros lugares, as trocas que estamos realizando, sejam elas verbais ou silenciosas. É este lugar no devir, imediato ou não.

O mesmo raciocínio nós aplicaremos para o espaço. Posso considerá-lo, do ponto de vista palpável, uma instância mais abrangente do que o lugar, segundo uma perspectiva de escala cartográfica. Mas essa visão é tabula rasa, é como uma camada de cera fina que desfaz-se num rápido aquecimento, não tem respaldo científico. O espaço da Geografia é o espaço global construído, ou, produzido. É o espaço dos homens e confunde-se com a própria sociedade e como ela, ele é também uma materialidade histórica. É onde os homens desominizados registram sua anti-história: de ganância, de poder irrestrito do grupo dominador, sempre mediado pelo dinheiro, dentro e entre as classes sociais; de prática política com egoísmo; de exploração econômica de um "ser" social de maior porte, sobre um outro, de porte inferior num verdadeiro leque de hierárquico, onde nós somos o que valemos, pelo dinheiro que temos.

É o espaço entrelaçado ao lugar geográfico do movimento das massas desacreditadas de si mesmas e de muitas outras pessoas; subalimentadas pelas sobras que a elas chegam, pela piedade filantrópica, ou pelo exercício de coleta "pós-moderna" nos lixos das cidades. É o lugar da reprodução ilimitada da miséria para milhões de homens mutilados pela carência material e da reprodução cumulativa da riqueza que engorda poucos homens e por isso, os deforma "para mais", por possuírem muitos bens. Ambos, os da miséria e os da riqueza, são necessitados e alienados, pois não têm um pleno desenvolvimento dos seus sentidos, da sua emoção, e da sua capacidade produtiva. É o espaço global do trabalho, em que, o que sai como resultado em cada ato de produzir, sejam mercadorias materiais ou intelectuais – mercadoria científica, literária, filosófica, mercadoria conhecimento correm mundo, na velocidade imprescindível das redes de circulação e da troca monetária.

É o espaço das relações que realizam-se pela mediação do trabalho e determinadas por ele: relações de prazer, de desprazer, de angústia, de congrassamento, de competição, de inveja, de rancor, de afeto. Relações em que os que têm um expressivo patrimônio tiram muita energia de quem não tem nenhum ou quase nenhum patrimônio concreto. É uma multiplicidade de relações que se fundem no produto do trabalho e isso lhe dá uma feição exacerbada de concentração de energias; e é por isso que esse resultado materializa inúmeras frações de vida dos trabalhadores envolvidos nos processos de produção.

O território é uma das representações políticas da terra. É lugar de gestão e poder. O território brasileiro é dos brasileiros? São de muito poucos deles. Na verdade ele é multinacional; é dos grupos econômicos que aqui ditam as regras que querem e expropriam os seus habitantes do seu chão. Está aí a política neoliberal nos territórios produzindo desespero nas famílias pelo desemprego crescente, pela insegurança no trabalho de quem ainda permanece empregado e que expurga do circuito produtivo milhões de trabalhadores roubando-lhes a cidadania e a vida. É essa uma das faces cruéis da era da Internet, do capitalismo informativo, da qualidade total, das reengenharias, do positivismo científico "pós-moderno". E ainda há na Geografia quem fale em território como o chão da pátria, num naturalismo de arrepiar!

E pra terminar, uma rápida palavra sobre a paisagem geográfica. Como já afirmamos a paisagem tem "o apresentar-se" que os sentidos (principalmente a visão) apreende, mas tem uma essência que só o entendimento explica. O conteúdo da paisagem confunde-se com o conteúdo dos lugares, do espaço, do território. Isso porque nenhuma dessas instâncias separam-se na sua essência.

O entrelaçamento que podemos compreender nessa análise de movimento é a realidade que nega o distanciamento entre uma e outra instância. Não podemos conceber conceito estanque de qualquer tema ou noção geográfica. Se a Geografia quiser sobreviver como ciência no próximo milênio, ela tem que deixar de ser sensível, lugar comum, senso comum e passar a ser reflexiva. É na reflexão, em que a instância filosófica é imprescindível, que o método empírico, processual reflexivo dá conta das articulações que aqui ensaiamos para mostrar a importância da não geometria dos fenômenos geográficos.

Notas

[1] Palestra proferida na semana de Humanidades da Universidade Estadual de Campina Grande. C Grande, outubro de 1997.

UMA CONCEPÇÃO HEGELIANA DO ENSINO-APRENDIZAGEM NA RELAÇÃO HOMEM X MEIO

A beleza da solidão preenche meandros secos da existência, desvirgina vazios da alma.

Esse trabalho se inspira nas manifestações angustiadas dos especializandos de 99.2 da disciplina Filosofia da Ciência do Programa de pós Graduação em Educação da UFRN. Fizemos quatro seções sobre Hegel em quatro tardes ou seja 16 horas/aulas, o que é muito pouco. Só que, devido ao compromisso programado para aquele semestre, no qual abordaríamos também Descartes (O discurso do Método), Marx (Manuscritos Econômicos e Filosóficos de 1844; Primeiro e Terceiro Manuscrito) e Nietzsche (Genealogia da Moral e O Anticristo), não poderíamos estender as discussões hegelianas por mais tempo.

O "sofrimento" da leitura de Hegel não derivava de qualquer um dos seus textos, mas de parte da Fenomenologia do Espírito, que tem como veio metodológico a ousadia hegeliana de redemunhar nossas cabeças, amortecendo o nosso corpo, ao mesmo tempo em que nos abre a mente para uma outra perspectiva de ver, sentir, pensar e "ruminar" a nossa existência com os seus recheios: a vida que procuramos e não encontramos e o que nos é dado como tal, que na minha concepção não passam de enganos e ilusões relativos ao prazer, a felicidade, a liberdade etc.

Meu esforço é fazer com que a minha sedução de educar, ou seja, da arte de levar aos alunos, o que posso lhes ensinar, usando não só o vozeirão que a natureza me deu, como também o exagero dos gestos do meu corpo, numa coreografia sem música, que mais parece um bailado dionisíaco, traduzindo assim, para aquelas cabeças carentes de compressão, a linguagem rebuscadamente figurativa que o autor emprega para nos levar a pensar as avessas, de como pensamos. Vivemos num mundo matematicamente traçado por certezas, evidências e verdades que nos subemerge na rígida geometria dos espaços concretos. Carregamos essa simetria no nosso comportamento diário na instituição que ensinamos, em outras áreas de trabalho, em casa, no lazer e em qualquer outro lugar que frequentamos e com essa rigidez simétrica que se apodera de nosso inconsciente, também executamos nossos trabalhos acadêmicos e nos exercitamos em nossas pesquisas "pseudo" científicas amarrados a um raciocínio parmenediano – aristotélico – cartesiano – comtista – bungista que se fecham nos paradigmas de Thomas Cuhn e, supomos, estar realizando ciência social.

O método crítico que Hegel nos legou afigura-se como um dos maiores espólios que os estudiosos, em particular, das ciências humanas em geral, receberam para caminharem em busca do conhecimento. Heráclito disse à vinte e cinco (25) séculos antes de Hegel que a unidade não é única; ela está em movimentos circulares, articulada por contrário. Essa razão da dialética ocidental só após centenas de anos vai ser genialmente trabalhada por Hegel na sua Fenomenologia do Espírito onde o fenômeno é a mediação nele mesmo enquanto certeza sensível para se substantivar em verdade, como momento de supressão e permanência do ultrassensível, com o suprassensível. Isto é, da certeza imediata à verdade cognitiva.

Para se entender a Fenomenologia hegeliana tem-se que atentar imprescindivelmente às instâncias de movimento, momentos e totalidades num processo de totalização que é infinito. "Tudo" é, passa, se nega, foi, vem. A contradição (negação interna do fenômeno) é condição "Sine qua non" do processo. Nela está o conflito e sua superação; na negatividade do sim há uma preservação de algo do seu interior que é elevado a um outro nível; na afirmação antitética do movimento; novas contradições com seus conflitos são produzidas e superadas dialeticamente num vir a ser contínuo. Por isso o Espírito em Hegel é ele mesmo, é história; é conhecimento; é o indivíduo; é a comunidade; é o Estado; é a cultura; é a criação; a universalidade; a particularidade; a singularidade. A ideia hegeliana é a antecipação do espírito. Talvez ela seja a criação de tudo. Deus? Dela se aliena o que há no universo. Por isso a alienação em Hegel é exterioridade. Daí, o Espírito enquanto alienação da ideia ser mundo, conhecimento, existência, coisa, fenômeno, homem – sujeito – Eu, eu, homem – objeto – eu, eu no outro; quer dizer; eu, nós.

O interesse que tenho em dar um enfoque ao exercício hegeliano de articulação de contrários no ensino – aprendizagem que corriqueiramente é feito fora dessa visão, separadamente, obedecendo ao cartesianismo e ao Comtismo que dominam a sociedade nas relações interpessoais, na família, no trabalho, na academia e na escola em geral, prende-se a um propósito que venho desenvolvendo em sala de aula com meus alunos da graduação e da pós graduação, seja qual for a disciplina que eu ministre: de instigá-los a pensar interrogativamente sobre o que já conhecem, como certo e errado, no intuito de despertá-los para a realidade social em que eles estão. Eles são esta realidade e estão nela, a reconstroem em suas ações diárias, sem se darem conta de que contribuem para a manutenção da cadeia de relações travadas entre eles, as quais os amordaça, os automatiza e os fazem representantes ou imitadores daquilo que não têm consciência do que é. "Tudo" está pronto na sociedade: leis, costumes, ética (certo e errado), moral (bom, mau; bem, mal), sistema educacional, ordem social; enfim todas as regras e institutos sociais e não questiona-se porque não são buscadas formas de negar o posto e imposto e de descobrir-se através da reflexão acurada, que cada um se auto conhecendo, deve ir atraz do seu certo ou errado; de não se deixar comandar e sim ser capaz de se autorregular. Desde que, se auto descubra como gente, mude a relação consigo mesmo e se volte para relacionar-se com o outro na individualidade deste (relacionamento), o qual, pressupõe-se que já se auto conhece também. É claro que estou me referindo a uma metamorfose endógena e exógena do homem, o que demandará décadas, séculos. É um processo lento.

A sociedade não se transformará com as relações que se travam hoje, e que vêm sendo recorrentes em qualquer projeto histórico que conhecemos. Sua transmutação está diretamente articulada a autotransformação do homem a partir do autoconhecimento. Nesses termos, a metamorfose do indivíduo é social, assim como, a sociedade transmutada interferirá no indivíduo; é uma relação de ida e volta, do indivíduo para a sociedade e vice-versa. O humanismo do capitalismo, que na visão de Marx é desumanização, exploração econômica tem que ser extirpado. O meu empenho é lutar, como docente e pesquisadora, por uma hominização humanizada e a educação tem que ter esta preocupação como determinação precípua, praticamente única; um único que é plural porque exige uma multiplicidade de alterações de raiz na sua proposta. Não pode-se continuar recebendo verdades eternas do senso comum, que é a forma pela qual, no dizer de Gramsci, a classe hegemônica realiza historicamente, na sociedade, sua ideologia e dessa maneira, caminhar-se naturalmente como seres bem educados e conformados. Se os alunos são sacudidos nesse sentido, passam a duvidar. Alguns têm receio, não querem questionar a aparência e dizem "não posso fazer nada", mas a insistência das aulas que objetivam desmascarar o que "está certo" socialmente e a escola reflete e reproduz a um só tempo, leva-os a encararem um ensaio de prática politizadora, que no dia a dia vai acordando suas consciências.

O instituto escolar como qualquer outro do universo capitalista, em qualquer formação econômico – social ou estado nação não é harmonioso; linear nem homogêneo; ao contrário, todos são contraditórios. A escola portanto é um lugar que reflete e reproduz a ordem social; as pressões sociais; o autoritarísmo das altas instituições do poder capitalista, sua ideologia. Mas reflete e produz ao mesmo tempo, as mesmas contradições desenvolvidas na sociedade, quer na esfera privada ou pública: a insatisfação, o desejo de ter desejo; a luta pela busca do prazer individual e coletivo e pensa na forma de mudar a sociedade não circunstancialmente, mas realmente; quer dizer, substancialmente. É dessa contradição que irei falar como objetivo maior desse trabalho referente a uma relação social efetiva.

Ficará claro em seguida, o desmascaramento da simples prestação de um serviço público na área de ensino, quando eu estiver enfocando a relação homem x meio, que de um modo geral é o modo de se realizar o processo de trabalho capitalista; quer dizer, na sociedade em que vivemos, a relação homem x meio é a concreção da reprodução simples da força de trabalho; ou no caso daqueles que detêm certa autonomia econômica, a referida relação é de reprodução da força de trabalho; e no caso dos afortunados, monetariamente falando, os quais ocupam o topo da pirâmide social da sociedade, a relação homem x meio afigura-se como reprodução ampliada de suas existências. A relação, que vou tomar como exemplo, neste momento, diz respeito, a reprodução simples da força de trabalho, de um professor, imaginado, de uma escola pública, do Rio Grande do Norte. E exercitaremos, abstratamente, a relação ensino – aprendizagem, segundo um enfoque baseado na lógica helegiana.

O professor, aqui considerado, seja de geografia ou de qualquer outro campo do saber, faz parte de um suposto, construído teoricamente, não arbitrariamente, mas a partir do concreto conhecido por mim nos vários anos de sala de aula em que venho praticando a minha experiência profissional. A maioria dos professores faz o que o sistema quer, inculca nos alunos "as ordens sociais"; mas, poucos deles traçam caminhos opostos.

Em geral as aulas são praticadas por professores que utilizam a lógica mais abrangente da geografia, a qual baseia-se num exacerbado e pobre senso comum; eles reproduzem em sala de aula algumas das relações de dominação do universo capitalista brasileiro como se elas fossem naturais; não sofressem qualquer determinação histórica. São professores que não sabem que são cumpridores de ordens do sistema; são alienados materialmente e esta alienação amortece sua consciência. No entanto, assim como no ensino superior, há no ensino fundamental e médio professores que ultrapassam a barreira da obviedade dos fatos visualizáveis e buscam no que não aparece, as relações efetivas que nós vivemos, testemunhamos e conhecemos por meio do nosso trilhar teórico – metodológico e dão aulas não só esclarecedoras como politizadoras. Todos são explorados: os alienados e os conscientes. Se são explorados, alguém se apodera de seu trabalho excedente.

Na nossa suposição o professor não é só um ministrador de aula, mas um trabalhador que como qualquer outro vende força de trabalho e no seu salário está uma parte da materialidade da exploração econômica que lhe é imposta socialmente e a sala de aula não é só um lugar com a função de abrigar troca de saberes. O lugar construído sala de aula com tudo que está nela, em termos de instrumentos de trabalho, colocarão a força de trabalho do professor em funcionamento. Dessa forma, ela pode ser pensada, no nosso suposto, como local de exploração econômica. A sala de aula em si não é capital, mas a maneira dela funcionar levanta em nós a hipótese dela ser tomada como tal. Em princípio, o "capital" sala de aula não existe para extrair mais valor do professor e sim como espaço para ensinar e formar alunos, no entanto, ele (o aluno) é meio de desvio social do que é gerado como trabalho excedente, o qual deveria ser só trabalho necessário e remunerar a força de trabalho do professor, já que estamos, em nosso ensaio imaginário, nos referindo a uma escola pública.

O valor excedente fenomenizado em dinheiro será apropriado por terceiros. A produção de saberes, ou de conhecimento como mercadorias não é própria somente da escola privada, mas da escola pública também. Na escola privada fica mais claro entender o empreendimento capitalista. Na escola pública a alienação material do professor na produção de conhecimento está encoberta pela atividdade de prestação de serviço público para o aluno, o qual personificará, ao mesmo tempo, um meio para o professor ser explorado.

Talvez seja desnecessário dizer que a digressão teórica que farei no decorrer da explanação de uma objetividade imaginária, referente a relação homem x meio, representada pelo professor x sala de aula da escola pública, não é particularidade do Rio Grande do Norte, por exemplo. Ela é uma singularidade do ensino público brasileiro, com variantes locais, pertinentes a exploração econômica e que qualquer outro professor fora da área de geografia, que cumpre as ordens sociais, ou não (aquele que politiza), sofre igual açoite exploratório. A minha ideia de uma relação homem x meio, conforme aludimos acima, prende-se a um exercício intelectual do ensino – aprendizagem politizador. Assim sendo, lanço mão das interpretações que fiz em A Fenomenologia do Espírito o que me levou a construção teórico-filosófica apresentada a seguir, feita especialmente para uma aula imaginária, porém o meu agir durante as aulas que ministro, é a tradução prática do que a teoria aqui exposta explica e a digressão representativa que ora desenvolvemos tem o propósito de levar o leitor a pensar no **movimento** de que trata a obra hegeliana que me dá respaldo.

Os desdobramentos que Hegel confere ao espírito, na sua digressão filosófica são de uma habilidade tão profunda e extraordinária, que torna-se surpreendente . Nela, o enfoque do mundo ético é particularmente portentoso; transcrevo, em seguida, algumas partes do capítulo que trata do assunto. "...Com efeito, o poder ético do Estado, tem, como movimento do agir consciente de si, sua oposição na essência sim ples e imediata da eticidade, como universalidade efetiva, o poder do Estado é uma força (voltada) contra o ser-para-si individual; e como efetividade em geral, encontra ainda um outro que é ele (mesmo) na essência interior. ....se a comunidade é, pois, a substância ética, como agir efetivo consciente de si, então o outro lado tem a forma da substância imediata ou essente. Assim, essa última é, de uma parte, o conceito interior, ou a possibilidade universal da eticidade em geral; mas de outra parte, tem nela igualmente o momento da consciência de-si. Esse momento que exprime a eticidade nesse elemento da imediatez, ou do ser;, ou que exprime uma consciência imediata de si tanto como de essência quanto deste Si em um Outro, quer dizer, uma comunidade ética natural – é A família, como o conceito carente-de-consciência e ainda interior da efetividade consciente de si, como o elemento da efetividade do povo, se contrapõe ao povo mesmo; como ser ético imediato se contrapõe a eticidade que se forma e se sustém mediante o trabalho em prol do universal ...com efeito, o ético é em si universal, e essa relação da natureza é essencialmente também um espírito"[1](sic).

Faço, abaixo uma pequena representação gráfica preparada a partir de alguns trechos da Fenomenologia do Espírito

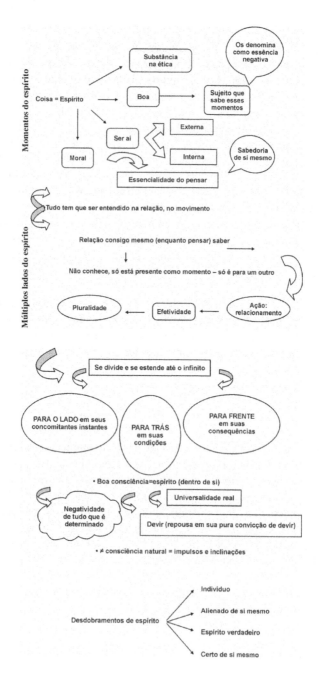

"O espírito é a essência real que a si mesmo se sustenta. São abstrações suas todas as figuras da consciência até aqui (consideradas) ela consiste em que o espírito se analisa, distingue seus momentos e se demora nos momentos singulares". (p.08 – cap. 05 – vol.II; op. cit.)
"Esse ato de isolar tais momentos tem o espírito por pressuposto e por subsistência". (id – ibdem)

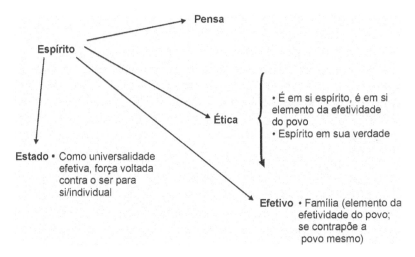

Indivíduo Singular ⇔ universal ⇔ puro ser ⇔ morte ⇔ ser que veio a ser natural e imediato.

· é a consumação e o trabalho supremo que o indivíduo como tal empreende pela comunidade;
· é o lado da cisão em que o ser-para- si alcançado é um outro.

Morto do uno negativo ⇔ para ter liberdade seu ser de seu agir ou é a singularidade vazia apenas, ou um passivo ser para outro.

Com esses diagramas reflexivos, onde o espírito sintetiza "tudo", dou os primeiros passos na tentativa de uma compreensão de contrários que se afirmam, se negam, são no outro; ao mesmo tempo em que são sínteses e

125

particularidades. Qualquer um dirá que esses diagramas não têm pé nem cabeça, mas é isso mesmo que pretendo: tirar o leitor da linearidade do pensar. O que, aparentemente, nada tem a ver com o outro, não teria **realmente**? Eis **aí** um quebra-cabeça que representa o abstrato e o concreto; o tudo e o nada em instantantes êfemeros da existência . O meu objetivo agora, após ter "perturbado" a cabeça do leitor, é exercitá-lo em algumas figuras da dialética hegeliana, numa concepção de ensino-aprendizagem levando em conta a relação Homem x Meio, com um rápido enfoque do ensino enquanto prática emancipadora.

A ideia que tenho em mente para proceder metodologicamente (metodologia entendida por nós como a ação do método, que por sua vez, está numa teoria relacionada a uma Filosofia) numa aula imaginada baseia-se no cerne hegeliano, da articulação sujeito x objeto; certeza x verdade; sensibilidade x entendimento enfocado por Hegel, de forma revolucionária, na obra aqui abordada. Sua filosofia é da imanência – um está no outro sem qualquer exterioridade, ou intermediação. Ele é o criador da dialética moderna, método da negatividade, também considerado dialética do desejo ou dialética do reconhecimento. O motor da filosofia desse método é o anelamento de opostos , que se dá no movimento espiralado, enquanto totalidades, num processo de totalização, o qual não sabemos onde terminará (se é que termina).

Hegel concebeu certeza x verdade; sujeito x objeto; o sensível e a intelecção na dimensão abstrata do espírito, não enquanto repouso e sim como efetividade: a energia do pensar; o Eu puro, que é a força portentosa do negativo. O espírito só é extraordinário, quando encara o negativo e se demora nele; esse demorar-se é o poder mágico que converte o negativo em ser, em sujeito, este é mediação nele mesmo para realizar-se no outro, no objeto. Hegel estuda a força assombrosa, prodigiosa do espírito na sua Fenomenologia que é o vir a ser da ciência em geral ou do saber, através do movimento da consciência, procedendo experiências nela mesma e fora dela, rumo ao desejo de conhecer. Para isso trabalha com figuras: desejo, reconhecimento, realização, desdobramentos da consciência: consciência-de-si e para-si-sujeito; consciência-objeto de-si e para si. Cada uma delas experimentando-se em si mesma e em relação a outra para suprassumi-la e ser na outra; para reconhecer-se na outra. O Eu só é eu no outro, sem deixar de ser Eu; o eu que é nós; o nós que é eu. (no dizer dele). Isto é, uma consciência-de-si é na outra consciência-de-si. Uma é certeza, a outra é verdade; uma é sujeito, a outra é objeto; uma é sensível, a outra é entendimento. Como sujeito a consciência de-si é certeza sensível; como objeto a consciência de-si é verdade oculta (conhecimento). A certeza sensível é mediação (negação) nela mesma e suprassume o objeto. O sujeito determina a medida, o limite do seu conhecer, o qual, é o conhecimento que ela detém enquanto verdade instantânea. No movimento, a verdade é mediação (se nega) numa outra certeza sensível, ou numa outra consciência-de-si em busca de um outro, ou um novo conhecer. A consciência estabelece para si própria nova medida, novo limite e com esse propósito, ela alcança o "seu" em si do conhecimento "em si" (que é interminável, incomensurável nunca pode ser alcançado em si). Por isso a consciência-de-si suprassume o em-si do outro (conhecimento) no que ela pode, no seu limite; como momento, no movimento do eterno evanescer-se e afirmar-se no novo conhecer. O conhecimento-em-si da consciência-de-si que se dá pelo entendimento, o qual é o próprio pensar, nada mais é do que um rápido instante do conhecimento-em-si; do Eu puro que por isso é universal, conhecimento-verdade, móvel, o que nos diz ser a verdade científica revolucionária, está sempre transmutando-se.

Para Hegel a consciência-de-si é reflexão, a qual é para ele negação e por isso, distingue-se de si mesma na identidade reflexiva do eu. Ela não é a identidade vazia do Eu penso ou imóvel tautologia do Eu=Eu. A consciência-de-si é reflexão a partir do ser no mundo sensível e no mundo da percepção e é essencialmente um retorno ao seu ser-outro do mundo sensível que é considerado no movimento dialético constitutivo da consciência-de-si.

A originalidade revolucionária de Hegel contida na forma de pensar a ciência, a natureza, o mundo, no método crítico imprescindível à descoberta científica, aprofunda os conceitos elaborados pelos seguidores de Descartes, os racionalistas, e, claro, pelos filósofos centrados no imediato racional ou no imediato sensível, isto é, numa subjetividade do cogito ou numa objetividade fenomênica. Filósofos como Descartes, pai do racionalismo radical ou do realismo transcendental, cuidou do sujeito racional transcendental. Até Hegel afirmou que ele revolucionou a ciência porque criou a subjetividade transcendental, embora o tenha criticado severamente "o bem conhecido em geral, para ser bem conhecido, não é reconhecido". Descartes exalta a matemática como ciência da evidência racional, Hegel diz "a matemática se orgulha e se apavoneia frente a filosofia, por causa desse conhecimento defeituoso, cuja evidência reside apenas na pobreza do seu fim e da eficiência de sua matéria. Portanto, um tipo de evidência que a filosofia deve desprezar. O fim ou o conceito da matemática é a "grandeza".

Em Descartes a evidência é racional assim como a certeza e a verdade, que a razão intuía ou deduzia e em sua atividade (da razão) o juízo a resume. A razão em Descartes é: sem qualquer negatividade. Para ele a verdadeira filosofia é um tratado do método. Não colocou a dúvida na ciência; porque nele a dúvida não é crítica, é uma dúvida razoável-racional; e hiperbólica. Ela faz parte de sua moral provisória e é provocada pelo "gênio maligno", isto é, pelo mal que leva o homem a duvidar. O erro, no entanto, não é obra do gênio maligno; para este filósofo, o erro é prova da existência de Deus. O homem erra porque pensa, não é máquina e segundo esse raciocínio o erro é sinal de liberdade. O erro de Descartes permanece na sua racionalidade divina. Deus é perfeito, o homem é imperfeição e erro; mas Deus o liberta do erro. A racionalidade cartesiana está representada no "cogito ergo sum" que abre as portas para a ciência. O filósofo da racionalidade exarcebada sugere que trabalhe-se metodologicamente na certeza e na verdade. Para tanto é necessário decompor-se, fracionar-se, agrupar-se o que se quer analisar em tantas partes quantas se fizerem necessárias à certeza. Se ela não existe no sujeito, o investigador deve apoiar-se em quem tem certeza do que faz; naquele que já descobriu a verdade. Com isso Descartes estimula a recorrência "científica"; em particular, nas ciências sociais, onde a compilação ou repetição abunda nas dissertações de mestrado e nas teses de doutorado. O inédito, a ousadia científica só é possível saindo-se do imediatismo racional ou sensível e mergulhando-se no que se oculta por trás da aparência. Só com o método da negatividade desvenda-se a escuridão, isto é, o que ainda não se conhece. Os seguidores de Descartes, os racionalistas, é claro, seguem sua trilha até os dias atuais. A sociedade é cartesiana. Talvez tenham sido menos cartesianos aqueles que foram apelidados como tal: Spinosa; Leibniz e Malebranche.

Os filósofos que se contrapõem ao excesso de racionalismo cartesiano criam o empirismo baseado na experiência que os levam à descoberta científica. Para eles o externo, o sensível é o real: Bacon; Locke; Berkley no mesmo século de Descartes (XVII) contrapunham-se a este na Inglaterra. As maiores expressões do empirismo, no entanto, foram Hume e Kant, para quem a Filosofia era transcendental – uma filosofia do método; visava a busca do objeto do conhecimento "a coisa em si". O sujeito é a ciência; a sensação. O objeto é o fenômeno que corresponde a coisa da forma como ela aparece. O em-si não é fenomêmico, é cognitivo. Kant não foi um empirista puro, e sim, um empiro-racionalista. Até ele, racionalidade e empiria não aproximavam-se: a racionalidade era a antítese do empirismo. A certeza e a verdade sensível continham a percepção e a reflexão nelas mesmas sem a pureza do racionalismo cartesiano. Kant, na sua filosofia, tenta e não consegue, a aproximação do racional e do sensível. Considera o conhecimento a priori do Fenômeno – que é certeza sensível – na sua Estética Transcendental e a coisa-em-si; a verdade foi analisada por ele na sua Analítica Transcendental, para tanto, dividiu-a em inúmeras categorias, mas a coisa-em-si permaneceu inacessível.

Hegel chamou os métodos que o antecederam de métodos fáceis; métodos de extensão vazia; de profundidade vazia. Dá a entender que seu método (a dialética) é um salto qualitativo rumo a ciência. Para ele, no movimento, o sujeito está no objeto e vice-versa; um se constituindo no outro que é o vir a ser do um. Hegel desfaz a teia criada por Kant do em-si inacessível e na articulação das contradições em movimento, a negação interna da certeza sensível, afirma-se na verdade do objeto (o em-si), considerado como momento do conhecimento – a liberdade. Já que para esse filósofo (Hegel) o em-si é o absoluto do espírito – o conhecimento como realidade do mundo, do universo, da natureza. O em-si nele mesmo transcende a compreensão da razão – da história, mas Hegel resolve a questão demonstrando na experiência da consciência que ela estabelece o seu "em-si" como limite móvel, medida da mudança, da conexão da certeza sensível com a verdade do objeto.

Fiz aqui uma sucinta comparação entre Descartes, Kant e Hegel, na marca mais geral de suas filosofias, para que o leitor entenda a diferença de método de cada um deles e entenda a força do método hegeliano.

Tomei o raciocínio hegeliano do movimento das figuras abstratas da consciência, como já dei a conhecer, e construí o aporte do exercício de ensino-aprendizagem considerando as figuras do concreto que se fazem necessárias: o professor é não só sujeito – certeza sensível, como objeto – verdade – que ele atinge pelo pensar ou pelo entendimento. O aluno também é sujeito – certeza sensível e verdade – conhecimento apreendido pela consciência instantaneamente. Quando o professor ou o aluno constrói na sua ideia – pelo movimento da reflexão no seu pensar – o que eles querem transmitir de um para o outro, é a sua consciência quem estabelece o limite do que pode apreender, ela atinge o seu em-si do conhecimento. Esse em-si, só "é" quando a consciência o consome, enquanto momento do saber que para ela é verdade, a qual tem uma existência como verdade enquanto outra verdade não suprassumi-la. Quando a consciência consome a ideia construída no pensar, na reflexão, a consciência conhece – está como consciência reflexiva que precisa se realizar. Ora, se a consciência-verdade está no sujeito – certeza sensível – seja ela professor ou aluno – significa que a certeza do sujeito está articulada a verdade do objeto (o seu conhecer) e não só a verdade da consciência reflexiva quer realizar-se, como a certeza do sujeito sensível realizar-se-á junto com a verdade da consciência. A realização não se dá no sujeito-de-si nem na consciência-de-si e sim numa outra certeza-de-si e numa outra consciência-de-si que é o aluno. A verdade-objeto conhecida pela consciência do sujeito-certeza-sensível nela mesma, é nadidade, isto é, é entendimento morto; ela só existirá quando se exteriorizar por meio da linguagem (no caso a linguagem falada, associada a linguagem o corpo). A linguagem é então a figura da realidade que media a relação professor-aluno.

A verdade do objeto – o conhecer da certeza sensível do sujeito professor que existiu enquanto ideia é mediação nela mesma, quer dizer, se nega nela mesma para ser na materialidade da linguagem que exterioriza a reflexão, o conhecer, a ideia nova do professor.

A linguagem externa é a forma pela qual o pensamento construído pela reflexão, na ideia consumida pela consciência, que agora conhece a verdade (instantaneamente), comunica-se com o mundo; noutras palavras, a linguagem é o aparecer do pensamento-verdade do objeto, articulado a certeza sensível do sujeito professor no aluno, ou vice-versa: sendo este aparecer, a verdade do objeto, a linguagem é a "paisagem" do pensamento, porque é a forma pela qual a ideia aparece com o seu conteúdo que é o conhecer da verdade do objeto. A verdade do objeto que aparece pela linguagem do professor ou do aluno, certeza sensível, não é inteira. Eles nunca transmitem tudo que suas consciências conhecem.

Não só o professor como o aluno exteriorizam pela fala-linguagem que é o componente mediador da relação de um com o outro, sua ideia construída no pensamento. A verdade (objeto) que um e outro são, materializados pela expressão linguística, pode ser não só uma frase afirmativa como um questionamento ou uma frase interrogativa.

De forma breve, podemos afirmar que na pedagogia arcaica, ou autoritária, ou conservadora, ou tradicional (que ainda hoje é praticada), o professor é o sujeito ativo que transmite "aprendizado"; que ensina; e o aluno é objeto que recebe o conhecimento transmitido passivamente, não fala nada na aula para não perturbar; não pergunta ao professor para não atrapalhá-lo. Seu silêncio é sinal de respeito.

No chamado ensino progressista da escola novista a relação se inverte; o aluno é só sujeito (Alegria na Escola de Snyders, por exemplo), o professor é um coordenador ou direcionador do processo ensino-aprendizagem. Parece sair-se de um equívoco e cair-se noutro o que provoca um hiato, na relação ensino-aprendizagem. Uma outra vertente da escola progressista é a educação como um primado de liberdade, entendendo a relação professor x aluno, sujeitos de um mesmo processo ensino-aprendizagem. Esta vertente confere um maior avanço na pedagogia, visa a conscientização que se dá pela politização do saber. É o chamado ensino-formador-transformador. Então me pergunto, onde encontra-se o objeto no processo? Esta relação não estará incompleta?[2]

Pela linguagem, o conhecer – a verdade do objeto da certeza sensível, pelo sujeito professor realiza-se no aluno, no ser-outro do sujeito professor.

Nessa experiência o sujeito professor-certeza sensível, articulado a verdade do objeto, o conhecer que ele transmite, subjetiva-se no aluno, que também é sujeito, certeza sensível; e objetiva-se também no aluno, enquanto verdade do objeto. O aluno, no rápido instante da apreensão do que é transmitido pelo professor é suprassumido por este, isto é, o professor é o aluno sem deixar de ser ele mesmo. No conhecimento transmitido já está a semente da nova intervenção. O professor quando expressa seu pensamento, "facilita" ao aluno (sem fazê-lo) que ele pense a respeito do que está sendo tratado e se exprima, incita o aluno à réplica. Isto é, na afirmação-verdade do professor está a negatividade dela mesma. O aluno é agora a certeza sensível do seu sujeito e sua verdade é objeto do seu conhecer. Esse suprassumir não é repouso, é efetividade-negatividade; movimento, e nova experiência entra em curso; o processo se repete do aluno para o professor quando o aluno constrói sua ideia no pensar e no refletir; sua consciência conhece e ele expressa pela linguagem para o professor; a materializa, a exterioriza. A verdade do conhecimento-em-si do aluno (não esquecer que o em-si do conhecimento é nele mesmo, incomensurável. O em-si aqui considerado, baseado nos ensinamentos de Hegel, no exercício é o em-si da consciência do aluno ou do professor) como já afirmamos acima, é o momento em que a consciência consome o que foi construído pela reflexão com a sua medida, o seu limite. É o em-si móvel da consciência do aluno ou do professor, o qual, pode ser uma réplica questionadora ou acrescentadora, daquele conteúdo que o professor, ou o aluno, passou para o outro.

O exercício hegeliano colocado aqui no início foi importante para mostrar a substância teórica filosófica do ensino-aprendizagem. Em sala de aula vamos falando aos poucos sobre diversos momentos que agora demos a conhecer, ou seja a parte teórico – filosófica que abordamos, como tema central desse trabalho (a relação sujeito x objeto professor; sujeito x objeto aluno) vai sendo explicada aos alunos lentamente, em varias aulas para que eles assimilem a relação contraditória verdade x certeza; sujeito x objeto; sensibilidade x entendimento. Fazemos inúmeros exercícios pertinentes aos temas geográficos. A relação homem x meio, com um pouco mais de detalhe, analisaremos a seguir é uma delas.

Nessa relação consideraremos brevemente que a lógica formal aborda-ria homem e meio do ponto de vista natural. Um homem homogêneo relacionando-se com um meio que é a natureza a qual ele é capaz de "dominar", noutras palavras, seria a relação homem = sociedade x meio = natureza. Isto é, uma relação dicotômica entre homem, de um lado, que transforma a natureza em meio, onde ele habita e interage com ela o tempo inteiro para sobreviver. Faz parte dessa lógica (formal) as filosofias naturalistas que têm sua origem em Parmênedis (VI a. c.), Aristóteles (III a. c.), na antiguidade; e a modernidade conta bem a tríade Descartes, Kant e Comte. Todos inatistas, cada um exaltando uma peculiaridade nata que os tornam semelhantes porque são anti-históricos. Descartes (séc. XVII) acentua a razão do homem como algo maior, acabado, que o distingue dos demais. O homem racional pensa, duvida e erra, e por isso deve apoiar-se nas regras da evidência, da certeza, da verdade e dos juízos perfeitos. Deve apagar seus desejos para ser um cumpridor das ordens e costumes do seu país. Kant (séc. XVIII) critica o excesso de racionalidade cartesiana e afirma a importância dos sentidos corroborando abordagens empiristas dos ingleses (Locke, Bacon, Berkley); mantendo, no entanto seu laço inatista com Descartes, dessa feita voltado para a moral. Cria o imperativo categórico: todo homem nasce com o bem e o mal; de início ele é um bruto; só a educação o tirará da selvageria, o tornará homem (todos são iguais para ele). Augusto Comte (séc. XIX) é um matemático, funda a física social; a evolução da sociedade é mecânica, para isso ele estabelece a lei dos 3 estados: o teológico; o metafísico; e o científico, industrial e positivo, que baseiam-se em leis imutáveis de sucessão e semelhanças: pobres sempre serão pobres e os ricos passarão às gerações futuras como tal; ambos se perpetuarão por herança, na escala social. Noutras palavras, os sucessores dos ricos serão ricos e os sucessores dos pobres serão pobres; os segundos para servirem aos primeiros o que garantirá a ordem social. Este é o inatismo social de Comte. É assim, mas isso não me basta. Quero saber porque é assim. Porque o projeto histórico é segregador, classista, determinista e é importante frisar que não é só o projeto capitalista, neste a perversão é camuflada pela liberdade "de homens iguais" na visão naturalista-inatista"; as separações são intermediadas pela incompetência de uns sobe a competência de outros que sabem acumular, gerar riquezas e ser um bem sucedido social. É na periferia dos fatos que Comte desenvolve a sua filosofia positiva que é o grande lastro filosófico da sociedade somado ao cartesianismo fragmentário. Mas não é a relação naturalista aportada em filósofos inatistas que comentamos em breves linhas, acima, que nos interessa analisar e sim, a relação homem x meio, segundo a lógica complexa, das contradições. Podemos afirmar a relação homem x meio, de acordo com o modo dialético de pensar, considerando o homem à natureza humana à única natureza que pensa cientificamente, inventivamente e produz socialmente. Por isso ele é um homem geral, universal; tem uma natureza orgânica e inorgânica "um homem que não tem a natureza fora de si, não é um ser da natureza, não faz parte dela" (Marx, 1969).

A natureza exterior ao homem nem criada nem produzida por ele, é o corpo inorgânico do homem "com o qual ele tem que estar em contínuo contato para não morrer" (op. cit.). Este é o meio natural do homem e sua relação mais íntima e contínua com seu meio natural (a natureza exterior ao homem) se dá através do ar que ele respira, que é a síntese do que o cerca. A sua distância (do homem), estão o sol, outros astros e demais componentes do espaço sideral, que interferem na vida terrestre, pelas energias que desprendem e como não poderia deixar de ser, interferem também no homem. Próximo do homem estão as formações geomorfológicas diferenciadas (cadeias de montanha, planaltos, depressões), constituídas de rochas; os rios; os mares; os oceanos; a vegetação; o solo e os seus componentes mineralógicos. Todos eles entrelaçados e combinados para a formação e deslocamentos de massas de ar. O ar é imprescindível a qualquer forma de vida. Quando o homem respira é como se inspirasse toda a natureza-naturada; como se a levasse para dentro de si. O ar é o único elemento socializador dos seres vivos, inclusive do homem.

Mas, ainda não é essa relação que nos interessa aprofundar e sim a relação histórica homem x meio. De início, como forma de se pensar o processo de trabalho capitalista; materialmente, queremos analisar a concreção dessa relação: homem à natureza humana que é negada no processo de trabalho social e se metamorfoseia em coisa Força de trabalho (FT), tem preço e equivale a salário x Meio à lugar onde o homem reproduz sua força de trabalho como assalariado, isto é, lugar que coloca a força de trabalho em funcionamento para gerar mais valor-trabalho. Geralmente, este lugar é capital; a relação homem x meio, portanto, nesse caso, seria a relação K (capital) x T (trabalho).

Para materializarmos nosso exercício articularemos a universidade do Homem trabalhador assalariado (F.T.) com a particularidade do trabalhador (F.T.) professor (um assalariado); na singularidade de professor (F.T.) da rede pública de ensino fundamental e médio que no Rio Grande do Norte (nosso exemplo) recebe como remuneração mensal do seu trabalho R$ 300,00 em média (ano de 2000) O meio, do ponto de vista universal é onde a F.T. se reproduz como tal. No nosso exemplo a particularidade meio é a escola pública e nossa singularidade é a sala de aula da escola pública. Mas, esta não é capital! Sim... mas se comporta como tal. É o meio, onde a F.T. professor na aparência é colocada em ação, não para gerar sobre trabalho (mais valor) e sim prestar serviços (dar aulas) à alunos da rede pública estadual. Só que nesta atividade ele é explorado; recebe por quarentas horas semanais R$ 300,00 por mês, o que equivale a R$ 1,58 por hora aula aproximadamente. Exploração no universo capitalista, sob a ótica do materialismo histórico, corresponde a apropiação de trabalho não pago por terceiros, que o realiza. Assim, como a produção capitalista de coisas metamorfoseada em mercadorias são, na circulação, realizadas pelo patrão, no momento em que são trocadas por dinheiro; e essa realização da mercadoria nada mais é do que a realização do sobretrabalho, ou do trabalho não pago contido nelas, não é diferente no caso da relação professor da rede pública x patrão, que é o governo. Se o professor é explorado, outros se apoderam do que é seu. Ele trabalhou, desprendeu energias físicas, psíquicas e emocionais durante as aulas que ministrou, produziu conhecimento e alguém está usurpando fração de sua vida.

Por outro lado, o professor não é um produtor de objetos mercadorias e sim de saberes, com os seus alunos. Produzem conhecimento, mas, no capitalismo, tudo vem se subordinando ao mercado; circula, tem preço, é trocado; enfim, tudo vem se transformando em mercadoria, pelo poder do dinheiro: as ideias, o conhecimento, as descobertas científicas, os produtos da "fé" religiosa, etc. Se o governo, no caso considerado, é patrão, qualquer instituição pública que emprega trabalhadores assalariados, é empresa pública. Ela tem não só a estrutura física (que é trabalho morto) como abriga, no seu interior, os instrumentos de trabalho (também trabalho morto) necessários para fazê-la existir como local de exploração econômica, cuja função é usurpar mais trabalho com a função empresaria pública que têm. Dizemos que as instituições são formadas por pessoas, no entanto, é necessário frisar que essas pessoas são F.T., trabalham por um salário correspondente ao seu cargo na escala hierárquica da empresa: chefias, departamentos, seções, subchefia, etc. Na escola pública, não é diferente. Há a direção, que apesar de assalariada, é governo. Não entrou no serviço público, como diretora, pelo mérito de concurso e sim como pessoa de confiança do governo. Ela o personifica na escola. Ao redor da diretora estão os demais detentores de cargos administrativos, que lhe deve obediência e na base está a F.T. (professor) numerosa, imprescindível à instituição escola. Sem o professor, a escola – sala de aula – não existe, como local de prática da educação formal. Na escola está a sala de aula com sua estrutura física e utensílios de trabalho, carteiras, birôs, quadro de giz, de caneta, com apagador, etc e os alunos, sujeitos fundamentais a finalidade da escola. A relação ensino x aprendizagem entre professor x aluno é a relação que aparece e embute a relação de exploração FT x K. Se a escola é o momento material da realidade empresarial do governo voltado ao ensino, a sala de aula é capital.

Na relação homem x meio a singularidade homem professor da rede pública (RN) x meio à sala de aula (onde o professor reproduz sua F.T.), como professor do ensino fundamental e médio, articula-se, sem dúvida a universalidade de qualquer vendedor da F.T. que recebe salário. Este professor é um explorado (só ganha R$ 300,00). É importante traduzir essa exploração cientificamente. Só há exploração econômica porque o trabalhador não se apodera do resultado do seu trabalho e, sim de uma pequena parte. Ora, terceiros vão lançar mão do que é dele; vão lhe roubar horas de trabalho e realizá-las, trocá-las por dinheiro. Isso dá-se na nossa suposição assim: montante de dinheiro público (pago por nós através de impostos, transformado em erário que deveria remunerar a F.T. que ministra aulas é desviada para os fins que o governo determina. Quer sejam para "remunerar" os compromissos de campanha política pretéritos; ou aqueles voltados para objetivos politiqueiros da sua trajetória política futura. Os interessados que elegem o governo, o cerca sem descanso e estão sempre dizendo o preço de cada uma de suas ações para que o poder, de quem está nele, não seja perdido e assim mantenha os seus comparsas, ou prepostos. Como já me referi anteriormente, só há exploração, porque há apropriação indevida de trabalho alheio e esta exploração só ocorre mediante a ação do capital que força a F.T. a gerar sobre trabalho.

De acordo com esse suposto a sala de aula funciona como capital constante: a sala enquanto ambiente construído além de todo o equipamento necessário a execução de uma aula: carteiras, birôs, quadro de giz de caneta, outros instrumentos de trabalho: retroprojetor, computador, etc. Mas qualquer um, pode replicar "que relação K trabalho é essa, se o que há é uma prestação de serviços? O professor dar aula e o aluno é o consumidor de seu trabalho" Ao mesmo tempo em que o professor presta um serviço ao aluno, está junto com ele produzindo e distribuindo saber, conhecimento, este transforma-se ao mesmo tempo em mercadoria porque equivale a dinheiro, tem preço que fenomeniza o valor trabalho contido no conhecimento produzido. Como no nosso exemplo não consideramos a escola privada, onde há patrão claro para apoderar-se do que foi gerado pelo professor, a relação de exploração fica enrustida e torna-se mais difícil elucidá-la. Na escola pública as relações de apropriação e distribuição da mercadoria conhecimento produzido pelo professor não aparecem. O meu empenho é procurar, como primeira tentativa, desvendar o fetichismo dessa exploração. Ela não existe como numa declarada relação Cc x Cv e sim porque terceiros apoderam-se indevidamente do que não é seu. A relação do governo com os professores, nesse caso, é de personificar a classe dominante. O governo é a classe capitalista no poder, assim, são os capitalistas que nessa metamorfose, suposta, personificam-se nos homens do governo para extrair sobretrabalho dos seus funcionários. A sala de aula não é capital mas na relação de exploração funciona como tal. Existe não só para cumprir uma função social do Estado, ensinar, mas para extrair sobretrabalho dos professores. Ë um canal de desvio do dinheiro público. Parte do que deveria ser pago aos professores tomam rumos excusos. E os alunos, componentes vivos e primordiais da sala de aula, que na aparência são os consumidores do dispendio de energias da F.T. Professor; ao mesmo tempo são meios (sem ser objeto, não deixando de serem sujeitos no processo) para que seja extraído sobre-trabalho dos professores, o qual alimentará a farra galopante dos donos do poder estatal. Na relação em pauta, governo (patrão) x professor (empregado) a exploração fica mascarada pelo caráter de sua atividade pública, onde não há ganhadores, todos trabalham para o Estado. Por sob a máscara, a verdade da exploração eclode e o governador, como um grande explorador da F.T. é a essência capitalista da relação. Ele fará depois uma distribuição do que foi usurpado desses trabalhadores com aqueles que compõe o quadro que o mantém no poder.

No entanto essa relação se dá as avessas. A materialidade do trabalho roubado do professor pode correr mundo. Tem-se classicamente conhecimento de que a produção capitalista de mercadorias conta como resultado a concreção desta mercadoria. Ela é realidade palpável apropriada pelo dono do dinheiro capital realizado para ele. Ela contém trabalho não pago que vai auferir o lucro capitalista.

No caso que estamos analisando o professor, o explorado, não produziu uma coisa, uma materialidade enquanto produto, metamorfoseado em mercadoria, no circuito da troca; no entanto é importante supor que a materialidade do seu trabalho roubado, vai ter forma, no que for comprado, com o dinheiro desviado dos cofres públicos que deveria remunerar os professores para que eles se reproduzissem, noutras palavras, o trabalho roubado dos professores pode se materializar em viagens, utensílios domésticos, de luxo, obras de arte etc adquiridos por "aqueles" que se apoderaram de um dinheiro que deveria ser dele (professor) e que o governo canalisa, como "benefício", para os bolsos de quem o garante como poder governamental. Enfim, o trabalho não pago dos professores tem uma concreção sim! Está incorporado, encravado em bens e pertences; patrimônio de quem usurpa, indiretamente no dia a dia parte da vida orgânica e inorgânica desses professores. Ali está fração das energias roubadas que lhe foram perversamente extraídas.

O desvio é sem desvio, já que nas despesas do governo há uma quantia destinada ao pagamento dos servidores públicos onde incluem-se professores.

Só que muitos desse servidores são colocados como funcionários públicos estaduais, municipais etc sem concurso público, obedecendo a política de compadrio e de favor que faz parte da história política da nossa formação econômico-social. Há um excesso de pessoal que deve ser considerado no nosso exemplo. Os funcionários não concursados são do governo que lhes atribuem cargos, por isso são fluidos – intermitentes. Sai o governo de um partido, porque candidatos de outro partido, após as eleições em que tem vitória, tem outro nome para chefiar o poder executivo, este novo nome tem também seus "compromissos" e cria novos cargos para seus afilhados. Demite "funcionários" de gestões pretéritas e essa roda vai girando no cerne do descaso de compromissos governamentais efetivos com a sociedade.

É no miolo desse horror administrativo, aqui colocado como suposto, pelo que se conhece, que se atropelam os professores na função de educador concursado que deveriam ter direitos legalmente e legitimamente garantidos, mas que se transformam em massa espoliada no bojo de um regime político hereditariamente demolidor da dignidade humana, que só tem vistas às pretensões dos seus personificadores necessários à manutenção da política a que nos referimos. Muitos deles são cabos eleitorais de governo, que certamente recebem salários bem acima do que é pago ao professor, pelo desgaste de suas energias, na função que ele executa. As entranhas dessa relação tem o "ilícito formal" como legalidade, e sua análise requer uma investigação que traduza amiúde o que a realidade aparente esconde.

O que nos compete expressar aqui é a cientificidade da exploração. Ela não é arbitrária. Faz parte do propósito capitalista na instituição ensino. O professor mal pago numa escola, tem que correr o tempo todo atrás de outros empregos, em várias escolas para que tenha uma remuneração mínima mensal que lhe faça se reproduzir como um simples trabalhador: alimentar-se, vestir-se, morar (ou abrigar-se), e como tal ele não se pensa como professor, não pensa sobre a educação, sobre o que está ensinando; como está formando seus alunos etc, e é isto que o governo – representação formal do Estado latifundista brasileiro – quer. O professor é recorrente na alienação e sem saber, não se dá conta disso.

A metodologia de ensino-aprendizagem pensada aqui provoca no aluno excitação. Ele fica aceso na expectativa do novo, que o professor está lhe passando; ao mesmo tempo que seu agir contém o gérmen da réplica, a qual produz efeito semelhante no professor, que se inquieta, se move muito.

A linguagem da fala, associada a linguagem corporal do professor realiza no aluno um rebuliço; ele tem que pensar, sua cabeça sente-se desmantelada, com o conhecimento do social que não corresponde ao que ele concebia como verdade. Ao contrário, se contrapõe ao conhecimento pronto, exaltador da ordem imposta, que ele tinha em mente e o aluno não sabia que assimilava sem contestação os "ensinamentos" do positivismo e do cartesianismo inculcador. Ele sofre agora um abalo, se indaga, se angustia, sofre mesmo: "quer dizer que isto é isto e não é isto?" Esta sala de aula que eu pensava ser só uma sala de aula é meio de exploração da força de trabalho do professor? Eu, que estou aqui para me educar, me instruir, crescer como homem, cresço muito mais como ser social coisificado? Que ao mesmo tempo em que estou nessa sala de aula como aluno, consumindo as energias do professor (energias físicas, psíquicas, intelectuais) eu sou meio, junto com tudo que a sala de aula contém (trabalho morto), para explorar a força de trabalho dos diversos professores, que em suas disciplinas, vêm exercitar o seu saber comigo? Se eu consumo, mas não me aproprio de todas as energias que cada professor gasta em suas aulas quem se apropria delas? Consumo, sem apropriação, o que é isso? Mais uma contradição dessa sociedade? E o Estado, enquanto classe dominante no poder, se utiliza de mim para desviar dinheiro pago pelo contribuinte, transformado-o em erário, que deveria, em parte, remunerar a força trabalhadora do professor como tal, como pesquisador, para que eu tivesse uma qualidade de ensino diária, semanal que suplantasse os ensinamentos anteriores, o que me levaria a fazer-me gente pela minha reflexão e a emancipar-me como homem, não executa nada disso? Sinto-me também desonrado, desrespeitado e roubado? Que acinte! Que sociedade é essa feita de absurdos, os quais constituem aberrações sociais? A ordem social é isso? "

A incursão de uma "concreção abstrata" aqui manifesta não nasceu do vazio e sim da experiência que tenho em sala de aula, onde impulsiono o aluno a pensar sobre o que está sendo ministrado, levo-o a se pensar como pessoa, como ser social e a indagar sobre a perversão social.

O aluno ou qualquer outra pessoa, que nessa sociedade pensa sem reflexão, não tem um pensar humano consciente e sim um pensar desumanizador e o pensamento do homem imprescinde de questionamentos. Um pensar sobre o "por que" das coisas da existência que impedem o ser humano de criar vida; o porque do certo estabelecido, do bom determinado. Por que cada um de nós não vai atrás do certo e do errado? Para isso temos que procurar continuamente formas de conquistar liberdade social e a escola, como casa da educação formal, tem o dever de ensinar, em todas as disciplinas, especialmente naquelas que fazem parte das ciências sociais, o libertar-se humano individual e social.

Qualquer projeto educacional tem que priorizar os "por ques". Enterremos a educação inculcadora "resolvida" e ampliemos progressivamente a educação criativa. Se nossos governos nos levam ao caos educacional (que é mais amplo, o caos é social, e a educação é um dos mais importantes momentos da sociedade), tomemos esse caos como movimento de inventividade,como nos ensina Deleuze: criar no caos, contra o caos, pela superação do caos.

Ensinemos a Filosofia dos "por ques"– o aluno deve descobrir que lugar ele ocupa numa sociedade de classes, e que nela o seu ter é o seu ser social, razão pela qual este "ser" é nadidade e que cabe a nós, educando e educadores transformarmos o embuste que temos como o "certo" na educação e na sociedade de hoje, em não certo e nos transmutarmos de fato em SERES reais de uma sociedade que não nos envergonhe.

Na minha concepção podemos chamar essa aula imaginária de um tipo de aula conscientizadora, onde pretendo, pelo menos, provocar um despertar de consciência nos alunos. Nesse caso, o exercício de ensino-aprendizagem é um exercício politizador; sendo uma prática politizadora ela leva o aluno a um processo emancipador das argolas que o prende às "verdades eternas do sistema"; ao certo e ao errado imposto; aos dogmas e postulados sociais e ele passa a duvidar de todos eles.

O exercício de reflexão das aulas, por vezes, leva alguns alunos a exaustão intelectual. Alguns dizem "estou tonto de tanto pensar. Essa reflexão é exaustiva", etc. Estas são manifestações dos primeiros meses de aula de um semestre, no seu final, o sofrimento de procurar romper com a linearidade do raciocínio convencional e adentrar no raciocínio espiralado da dialética, vai sendo amenizado. Permanece a angústia daqueles estudantes de se verem um nada social, que o capitalismo lhe reduz a cada dia; a minguação da sua humanidade, resultado do roubo social diário de fração de suas vidas, nos seus trabalhos, pelos seus patrões. Cada um deles percebe que quando são demitidos do emprego em que estavam e "têm a sorte" de serem admitidos em um outro, o que muda é o local (superficial) e o que eles fazem, mas todos contém a mesma essência da exploração econômica.

O confrontar-se com o nada social é a via pela qual os alunos consomem o gérmen da reflexão social sobre si mesmos. Há, como que, dentro deles, uma ameaça de quebra de valores. Alguns estudantes me dizem, no decorrer do semestre, que estão exercitando "o pensar" com seus alunos do 1º ciclo do ensino fundamental e se admiram com a participação buliçosa deles. O incentivo das aulas que ministro, subordinadas ao método aqui exercitado se constituem no único esforço que para mim vale a pena levar adiante nessa sociedade. São aulas que cansam mas ao mesmo tempo me dão uma satisfação enorme de não estar contribuindo para a idiotia social.

Notas

[1] *Fenomenologia do Espírito*; de G.W.F. Hegel; vol. II; p. 12.

[2] A inserção de outros autores aqui colocada se faz necessária para que eu possa acentuar a importância do método hegeliano no exercício de ensino-aprendizagem, que vimos abordando.

Cadastre-se no site da Contexto
e fique por dentro dos nossos lançamentos e eventos.
www.editoracontexto.com.br

Formação de Professores | Educação
História | Ciências Humanas
Língua Portuguesa | Linguística
Geografia
Comunicação
Turismo
Economia
Geral

Faça parte de nossa rede.
www.editoracontexto.com.br/redes